电泳沉积与含能材料
的研究应用

郭晓刚　梁滔滔　石文兵　著

化学工业出版社

·北京·

内容简介

本书介绍了电泳沉积技术的定义、特点影响因素、过程机理；X射线衍射光谱分析、傅里叶红外光谱分析、核磁共振谱分析、差热扫描量热仪、能量色散X射线光谱仪、原子吸收光谱法等含能材料的分析研究方法。书中列举了单质型二元含能材料电泳成膜实验、单质/非单质型二元含能材料电泳成膜实验和多元含能材料电泳成膜实验，确定了各个实验中的电泳沉积行为、含能材料微观结构分析、含能涂层性能分析，并用电泳沉积技术来科学地设计含能材料。

本书适合从事电泳沉积技术和含能材料研发的教学科研人员参考。

图书在版编目（CIP）数据

电泳沉积与含能材料的研究应用／郭晓刚，梁滔滔，石文兵著. -- 北京：化学工业出版社，2025.7.
ISBN 978-7-122-48496-3

Ⅰ. TB34

中国国家版本馆 CIP 数据核字第 202519E3R5 号

责任编辑：彭爱铭　　　　　装帧设计：张　辉
责任校对：田睿涵

出版发行：化学工业出版社
　　　　　（北京市东城区青年湖南街 13 号　邮政编码 100011）
印　　装：北京科印技术咨询服务有限公司数码印刷分部
710mm×1000mm　1/16　印张 7¾　字数 127 千字
2025 年 9 月北京第 1 版第 1 次印刷

购书咨询：010-64518888　　　售后服务：010-64518899
网　　址：http://www.cip.com.cn
凡购买本书，如有缺损质量问题，本社销售中心负责调换。

定　　价：88.00 元　　　　　　　　版权所有　违者必究

前　言

在当今科技飞速发展的时代，含能材料作为一类含有爆炸性基团或含有氧化剂和可燃物，能独立进行化学反应，并伴随大量高能量的释放，在军事、民用、太空探索、能源和工业等领域应用广泛且占据重要地位。它们是制造武器、推进剂、炸药和烟火剂的关键，同时也是资源开采、土地开发和太空飞行的重要推动力。因此，含能材料在科学技术进步和经济发展中扮演着不可替代的角色。而电泳技术，作为一种成熟且具有广泛应用前景的成膜技术手段，正逐渐与含能材料的研究领域深度融合，为含能材料的设计与应用带来了新的机遇与挑战。

本书旨在系统地介绍电泳沉积技术在含能材料中的应用，涵盖了从基本原理到实际应用的各个方面。通过对电泳沉积技术的深入剖析，以及对其在含能材料领域中的具体应用案例的详细阐述，希望能够为广大科研人员、工程师和相关领域的从业者提供一本全面、实用的参考书籍。本书内容共分 8 章。第 1 章主要介绍含能材料的定义、分类和应用；第 2 章主要介绍电泳沉积技术的定义、沉积过程机理、沉积动力学行为和应用；第 3 章主要介绍含能材料的分析研究方法；第 4 ~ 6 章分别主要介绍多种含能材料的电泳成膜工艺及性能研究；第 7 章主要介绍电泳沉积与其他技术结合在含能材料成膜中的应用。第 8 章主要介绍电泳技术及其衍生技术在含能体系中应用前景和展望。

本书总结了作者多年来在含能材料方面的创新性研究成果，并汇集了国内外电泳技术和含能材料研究领域的前沿研究进展。感谢国家自然科学基金委员会、重庆市科学技术委员会、重庆市教育委员会等批准的项目资助支持，并感谢唐宇、张译文、闵政浩等参与的工作。此外，感谢那些在电泳沉积技术和含能材料领域辛勤耕耘的科研人员，他们的研究成果为本书的编写提供了丰富的素材和灵感。同时，也要感谢出版社的编辑们，他们的专业精神和辛勤付出使得本书能够顺利出版。

我们深知，电泳技术在含能材料中的应用充满挑战和机遇，需要不断地探索和创新。本书的出版只是一个起点，我们希望能够激发更多的科研人员和从业者对这一领域加以关注和研究，共同推动含能材料研究的进步和发展。

由于作者学识和精力有限，书中难免有疏漏以及不尽人意之处，恳请读者批评指正。

著者

2025 年 2 月 17 日

目 录

第 **1** 章

含能材料

1.1 含能材料概述

1.1.1 含能材料的定义

含能材料（energetic materials），又称能量密集材料，是指那些含有爆炸性基团或由氧化剂（如氧化铁等）和可燃物组成的物质，能够在极短的时间内通过化学反应释放出大量的能量，并对外界环境做功。含能材料中的关键组分包括氧化剂、可燃物以及添加剂，它们共同决定了含能材料的性能和应用。

氧化剂：在含能材料中提供氧元素，使可燃物能够发生氧化还原反应。氧化剂的氧化能力决定了含能材料的能量释放速度和效率。常见的氧化剂包括硝酸盐（如硝酸铵）、高氯酸盐（如高氯酸铵）、过氧化物（如过氧化氢）和氮氧化物等。氧化剂的选择对含能材料的稳定性、能量密度和燃烧特性有重要影响。

可燃物：含能材料中发生化学反应的主体，通常是高能量密度的物质。可燃物在氧化剂的作用下迅速燃烧或爆炸，释放出巨大的能量。常见的可燃物包括碳氢化合物（如黑索金 RDX、奥克托今 HMX）、金属粉末（如铝粉）、含能离子化合物等。可燃物的选择影响含能材料的能量输出和燃烧特性。

添加剂：含能材料中的含量较少，但它们对材料的性能有显著影响。稳定剂可以提高含能材料的热稳定性和化学稳定性，减少意外反应的风险。燃烧催化剂可以加快含能材料的燃烧速度，提高能量输出效率。增塑剂可以改善含能材料的加工性能和柔韧性。其他添加剂如消烟剂、抗静电剂等，可以改善含能材料在特定环境下的性能。

1.1.2 含能材料的特点

含能材料是一类特点鲜明的功能材料，主要的特点包括以下几个。

（1）能量密度高　含能材料含有可以快速释放的能量，这种能量通常以化学键的形式储存在材料内部。

（2）快速释放能量　含能材料能够在极短的时间内（如微秒或毫秒级别）释放其内部储存的能量。

（3）对外做功　释放的能量能够对外界环境产生显著的物理效应，如产生冲击波、热辐射和气体膨胀等。

（4）化学反应　含能材料的能量释放是通过化学反应实现的，这些反应通常涉及分子中化学键的断裂和形成。

（5）独立性　含能材料能够独立进行这些化学反应，不需要外界能量输入即可完成能量的释放。

任何事物的优势特点都是一把双刃剑。因此，对于含能材料而言，高能量和快速反应特性也带来了一定的风险和挑战。由于含能材料在储存、运输和使用过程中可能会受到各种外界因素的影响，如温度、湿度、震动等，因此其安全性和稳定性至关重要。如果含能材料的安全性得不到保障，就可能会发生意外爆炸事故，给人们的生命财产安全带来严重威胁。为了确保含能材料的安全使用，科研人员采取了一系列措施。首先，在含能材料的设计和制备过程中，充分考虑其安全性和稳定性。通过优化配方、改进合成工艺等方法，提高含能材料的热稳定性、化学稳定性和机械稳定性，降低其敏感性。其次，在储存和运输过程中，严格遵守相关的安全规范和操作规程。采取有效的防护措施，如防火、防爆、防潮等，确保含能材料的安全。此外，在使用含能材料时，必须经过专业的培训和考核，掌握正确的使用方法和安全注意事项，避免因操作不当而引发事故。

总之，含能材料作为一类具有特殊性质和重要应用价值的材料，在现代社会中发挥着不可替代的作用。如何高效地设计和安全地使用，对于人类发展、国家安全以及社会进步等意义深远。

1.2　含能材料的前世今生

含能材料的诞生：含能材料的历史可以追溯到中国古代发明的黑火药，这是人类历史上最早的含能材料之一。黑火药的发明推动了武器和战争形态从冷兵器跨入热兵器时代。

近代化学的发展：1863 年，J.威尔勃兰德发明了 TNT（三硝基甲苯），这一发明催生了现代枪炮弹药。1899 年，德国人亨宁发明了 RDX（环三亚甲基三硝胺，黑索金），这一发明有力推动了火箭、导弹等武器的诞生，并在二战后逐步得到大规模使用，成为现代制导武器的主用含能材料。

二战后的化学进步：1941 年，德国科学家在 RDX 生产中发现了高熔点炸药HMX（环四亚甲基四硝胺，奥克托今），其爆轰性能比 RDX 有大幅度提升。得益于二战后全球化工科技的快速发展，HMX 成为当下武器装备中综合性能最好的含能材料之一。

现代含能材料的发展：20 世纪 70 年代后，随着安全弹药发展的急需，人们又建立了不敏感含能材料的概念，陆续研制出 TATB（三氨基三硝基苯）、LLM-105、TNAZ（三硝基氮杂环丁烷）、NTO（硝基三唑）、FOX-7 等耐热/不敏感化合物。1987 年，美国合成出具有笼式分子结构的高能量密度化合物 CL-20，成为当前可以批量生产的能量密度最高的含能化合物。

新世纪的含能材料研究：1998 年，美国空军实验室合成出氮五正离子化合物（NC5），2016 年我国南京理工大学合成出氮五负离子化合物（NA5），2017年美国哈佛大学宣称获得金属氢，这些研究预示了含能材料正在跳出 CHON 系化合物的新时代，迎来高能物质科学发展的新阶段。

此外，含能材料的研究历史是一个复杂而丰富的科学探索过程，它不仅涉及化学、物理、材料科学等多个学科领域，还与军事、工业、医疗等多个应用领域紧密相关。含能材料研究历史的详细概述如表 1-1 所示。

表 1-1　含能材料研究历史

研究时期	主要的研究内容
早期探索阶段 （19 世纪末至 20 世纪中叶）	开始探索各种化学物质的爆炸性质。这一时期，对炸药的敏感性和冲击响应的研究开始出现，如 Rideal 和 Robertson 在 1948 年对固体高爆炸药的冲击敏感性进行了研究。这些早期的研究为后来含能材料的发展奠定了基础
综合性能改进阶段 （20 世纪中叶至 20 世纪末）	开始探索如何通过改变含能材料的化学结构来提高其能量密度和稳定性。例如，对硝基甲烷等化合物的电子结构和相变进行了深入研究。此外，对含能材料的高压和温度相图的研究也开始出现，如对 1,1-二氨基-2,2-二硝基乙烯（FOX-7）的高压-温度相图的研究
新概念与新技术阶段 （20 世纪末至今）	含能材料的研究开始引入新概念和新技术。逐步探索如何通过分子、工艺方法等设计来合成新型含能材料，以提高其性能和安全性。例如，研究者们开始研究基于 1,2,4-三唑环和 1,2,3-三唑环的含硝氨基类含能离子盐。这些研究不仅提高了含能材料的能量密度，还改善了其感度和安全性。再如，将 AI 智能或 Deep Learning 深度学习方法与含能材料或器件深度融合来设计智能含能器件来满足日益增长的需求

总之，含能材料的发展历史是一个不断探索和创新的过程，从古代的火药到现代的高能化合物，再到新世纪的新型含能材料，含能材料的研究一直在推动着科技的进步和应用的拓展。

1.3　含能材料的分类

含能材料，作为一种能够在特定条件下释放出大量能量的物质，在军事、航天、民用爆破等领域发挥着至关重要的作用。如何将这个含能材料大家族分门别类意义重大。

目前应用较多的是根据含能材料的不同的性质和用途进行分类，可以分为炸药、推进剂、烟火剂等。

（1）炸药　是最常见的含能材料之一，具有强大的爆炸威力。

它可以分为用于民用工程，如矿山开采、建筑拆除等的民用炸药和用于军事目的，如爆破、弹药装填等的军用炸药。

它也可分为起爆药、猛炸药和火药等不同类别。其中，起爆药（如雷汞、叠氮化铅等），敏感度极高，稳定性较差，主要用于引发其他炸药的爆炸。它通常具有较小的装药量，但能够在极短的时间内产生强烈的爆炸冲击，从而激活猛炸药等其他含能材料。猛炸药（如 TNT、RDX 等）威力巨大，能量密度高，稳定性相对较好，适用环境广泛。它通常需要由起爆药引发爆炸，一旦被引爆，能够释放出巨大的能量。猛炸药广泛应用于军事和民用爆破领域等。火药主要用于枪炮发射等领域，包括黑火药和无烟火药两种。黑火药主要由硝酸钾、硫磺和木炭组成，能量密度较低和燃烧性能较差，爆炸威力相对较小。无烟火药则是在黑火药的基础上发展而来，包含硝化纤维素、硝化甘油等，威力更大，性能更好。

（2）推进剂　广泛地应用于火箭、导弹等飞行器的推进系统，为其提供动力。推进剂可分为固体推进剂和液体推进剂。固体推进剂通常由氧化剂、可燃物和黏合剂等组成，经过混合、压制等工艺制成。固体推进剂储存和使用方便，具有较高的可靠性和安全性。液体推进剂通常由氧化剂和燃料组成，分别储存在不同的容器中，在使用时通过泵或压力输送系统将其送入燃烧室进行燃烧，通过高效率的燃烧提供强大的推力。对于储存和使用过程中需要采取严格的安全措施，以防止泄漏和爆炸事故的发生。

（3）烟火剂　主要用于烟花、信号弹等领域，通过相对较为温和的燃烧过程产生各种颜色和光效，能对于各类庆祝活动、舞台表演等增添光彩。烟火剂通常由氧化剂、可燃物、发色剂和黏合剂等组成。

此外，还有基于不同分类方式对含能材料进行分类，具体分类情况如表 1-2 所示。

表 1-2　含能材料的不同分类汇总

不同的分类标准	不同类型的含能材料	性质或特点
化学成分和结构	单质炸药/含能材料	只含有一种化学成分的含能材料,如 TNT(三硝基甲苯)、RDX(环三亚甲基三硝胺)等
	混合炸药/含能材料	由多种化学成分混合而成的含能材料,例如铝热复合含能材料,黑索金(RDX)与 TNT 的混合物
	笼型化合物含能材料	具有高密度和高能量的化合物,如 CL-20(六硝基六氮杂异伍兹烷)、ONC(八硝基立方烷)等
物理状态	固体炸药/含能材料	如块状或颗粒状的 TNT
	液体炸药/含能材料	如硝酸甘油
	塑性炸药/含能材料	可以塑性变形的含能材料,如 C-4
敏感度	钝感炸药/含能材料	对冲击、摩擦等刺激不敏感,更安全
	敏感炸药/含能材料	对冲击、摩擦等刺激较敏感,更易引爆
能量密度	高能炸药/含能材料	具有高能量密度的炸药,如黑索金(RDX)和奥克托今(HMX)
	中能炸药/含能材料	能量密度适中的炸药,如 TNT
	低能炸药/含能材料	能量密度较低的炸药
化学变化形式	热分解型含能材料	整个含能材料内部的原子热力学上稳定重排
	燃烧型含能材料	局部、逐层传播,通过热传导和热辐射
	爆轰型含能材料	局部、逐层传播,通过冲击波
氧平衡	正氧平衡型含能材料	含能材料中的氧含量足以将所有可燃元素氧化成其对应的氧化物
	零氧平衡型含能材料	含能材料中的氧含量恰好足以将可燃元素氧化,没有多余的氧或氧不足
	负氧平衡型含能材料	含能材料中的氧含量不足以将所有可燃元素氧化成其对应的氧化物
分子结构	硝基化合物含能材料	含有硝基($-NO_2$)的化合物
	胺类化合物含能材料	含有氨基($-NH_2$)的化合物
	叠氮化合物含能材料	含有叠氮基($-N_3$)的化合物

总之,含能材料种类繁多,根据化学组成、用途、物态的不同而各具特色,它们在军事、工业和航天等领域发挥着重要作用。选择含能材料时需考虑其特性和应用场景,同时必须采取严格的安全措施以确保其安全有效。

1.4　含能材料的应用

含能材料是国民经济发展和国家安全的重要支撑材料。中国已成为全球最大的含能材料生产和出口国。美国 60% 的含能材料都来自中国，这在大国竞争中形成了一种相互依赖的关系。目前它的应用非常广泛，涵盖了国防军事、航空航天、工业、民用、医疗等多个领域（图 1-1）。

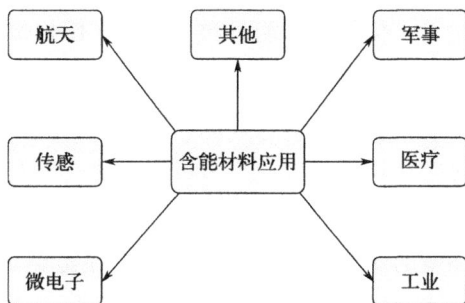

图 1-1　含能材料的主要应用领域

（1）军事领域　含能材料在军事领域扮演着至关重要的角色，它们是弹药和现代武器系统的核心组成部分。在炮弹、炸弹和导弹等武器的战斗部中，含能材料的存在使得这些武器能够发挥出巨大的破坏力，对敌方目标实施致命打击。例如，高精确度的制导炸弹装填的高爆炸药能够精确地摧毁敌方的关键设施和军事阵地，从而有效降低对方的战斗潜力。

在导弹技术中，无论是固体还是液体推进剂，含能材料都是提供推进力的关键，它们使导弹能够迅速且准确地飞向预定目标。根据不同的作战需求，可以选择相应的推进剂类型，以实现不同的射程、速度和打击精度。

除了直接的攻击作用，含能材料还在军事工程中发挥着重要作用。军事工程兵可以利用炸药进行战场爆破，如清除障碍物、构建防御工事等。通过精确控制炸药的用量和引爆时机，可以确保爆破作业的高效性和安全性，为军事行动提供支持和便利。

（2）航天领域　在航天领域，含能材料的应用是推动航天器进入太空和执行各种任务的关键。火箭推进剂作为含能材料的一种，对于将卫星、宇宙飞船等送入预定轨道起着至关重要的作用。

固体推进剂因其便于储存、使用简便和高可靠性，成为小型火箭和导弹发射的首选。这类推进剂通常具有固定的形态和结构，能够提供稳定而强大的推力。而液体推进剂则因其能够提供广泛的能量调节和高燃烧效率，在大型运载火箭中尤为重要。液体推进剂可以根据任务需求调整燃料和氧化剂的比例，以优化燃烧性能和推力输出。

除了主要推进外，含能材料还广泛应用于航天器的姿态控制和轨道调整等操作，确保航天器在太空中的精准定位和稳定运行。这些应用体现了含能材料在航天领域中不可或缺的作用，它们是实现航天任务的基础和保障。

（3）工业领域　在工业领域，含能材料主要用于爆炸焊接、矿山开采、道路建设、建筑物拆除等工程中的爆破作业。

对于爆炸焊接方面，通过含能材料的点火爆燃产生的冲击力将多种金属焊接在一起。此外，通过含能材料的强大爆炸力可以快速破碎岩石和混凝土等坚硬物质，有效地开采矿石，降低生产成本，提高工程施工效率；通过精确控制爆破参数，可以减少对周围环境的影响，保护生态环境。在道路建设和建筑物拆除中，定向爆破技术可以快速清理障碍物，为工程的顺利进行创造条件。

（4）医疗领域　在肿瘤治疗中，某些含能材料可能用于开发新型治疗方法。例如，利用含能材料的化学反应产生的热量来治疗肿瘤，这在某些类型的癌症治疗中可能是一种创新方法。含能材料可能在药物递送系统中发挥作用，尤其是在需要控制药物释放速率和位置的场合。例如，含能材料可能用于设计智能药物递送系统，这些系统能够在特定的刺激下释放药物。但是含能材料在医疗领域的应用仍然非常有限，并且需要严格的安全控制和精确的剂量控制。在实际应用中，必须确保这些材料的使用不会对患者或医疗人员造成危险。目前，含能材料在医疗领域的应用还处于研究和开发阶段，尚未广泛普及。

（5）微电子领域　含能材料通过不同的制备技术，如：磁控溅射法、化学气相沉积、电泳沉积技术等，与微电子元件结合构筑成具有高能量输出、高可靠性、适于集成化和批量制造等优点的微型含能芯片，与目标器件结合，根据需求进行释能，具有重要的应用价值。例如：基于 Au/Pt/Cr 微加热器和纳米含能薄膜的自毁微芯片，可以在外部刺激下迅速释放能量，实现微芯片的快速自毁。

（6）传感领域　通过不同类型的含能材料放热产生的气体的种类和体积与目标信号源巧妙连接，实现气体压力传感，在信号捕捉、压力检测、品检等方面具有不错的应用前景。

（7）其他领域　含能材料还可以应用其他多个领域。例如：含能材料在新型 X 射线和光学诊断学研究中的应用，用于研究其在不同刺激或载荷下的物理和化学过程等。此外，随着环保意识的增强，含能材料的绿色合成和可持续发展也将成为未来的研究方向。

第 2 章

电泳沉积技术

2.1 电泳沉积技术概述

2.1.1 电泳沉积技术的定义

电泳沉积（electrophoretic deposition）技术是一种利用电场作用使带电颗粒在导电介质中向相反电荷的电极移动，并在电极表面沉积的技术。这个过程可以分为主要以下几个阶段。

阶段 1：稳定悬浮液的准备阶段。首先选取适合的材料，如金属、陶瓷、聚合物等固体颗粒，将其分散在适当的溶剂中，形成悬浮液或胶体溶液。这些固体颗粒需要通过表面吸附或化学反应等方式带上电荷，以便在电场中能够发生定向移动。例如，在制备金属涂层时，通常会将金属粉末分散在含有电解质的水溶液中，金属粉末表面会因与电解质的相互作用而带上电荷。通常为了防止颗粒团聚或沉淀，需要加入一些表面活性剂或分散剂，来提升悬浮液的稳定性。

阶段 2：合适电场施加阶段。将制备好的分散体系置于两个电极之间，电极的材料和形状会根据具体的应用需求和实验条件进行选择。一般来说，阳极和阴极分别连接电源的正负极，在电极之间形成电场。例如，在工业生产中，常用的电极材料有不锈钢、钛等，电极的形状可以是平板状、棒状或网状等。此外，通过电源设备施加合适的电场。

阶段 3：粒子迁移阶段。在电场的作用下，分散体系中的带电粒子会受到电场力的驱动，向与其所带电荷相反的电极方向移动。阳离子会向阴极移动，阴离子则向阳极移动。

阶段 4：成膜阶段。当带电粒子到达电极表面时，会与电极表面的电荷发生中和反应，失去电荷并沉积下来，形成涂层。

值得一提的是，在水相电泳沉积过程中，当成膜阶段结束后，通常会发生电渗现象，这是涂层固化前的一个重要步骤。在电场的作用下，那些已经吸附在电极表面的带电粒子，会带动附近的液体一同迁移，这个过程有助于从沉积层中排出多余的水分，从而使涂层更加致密，减少孔隙率。这种水分的排出对于提升涂层的机械强度和整体稳定性至关重要。通过电渗作用，涂层的密度得到增强，为其后的干燥或固化处理打下了良好的基础。在电渗步骤之后，涂层可以通过多种方式进行固化，例如：通过加热或者紫外线照射等方法，使得涂层硬化，最终在电极表面形成一层坚固且附着力强的沉积层。这样的涂层不仅具有更好的保护性能，还能提供更长的耐久性。

2.1.2 电泳沉积技术的历史

电泳沉积技术的历史可以追溯到 19 世纪初，其发展经历了几个重要的阶段。

（1）早期发现与命名（1807 年）。1807 年，**俄罗斯教授彼得·伊万诺维奇·斯特拉霍夫和费迪南·弗雷德里克·鲁伊斯**在莫斯科国立大学首次观测到电泳现象，他们注意到利用稳恒电场能使分散在水中的黏土颗粒发生迁移。这一发现标志着电泳技术的诞生。

（2）电泳技术的命名（1909 年）。1909 年，Michaelis 首次将胶体离子在电场中的移动称为电泳，并用不同 pH 的溶液在 U 形管中测定了转化酶和过氧化氢酶的电泳移动和等电点。

（3）电泳仪器的改进与诺贝尔化学奖（1937 年）。1937 年，瑞典 Uppsala 大学的 Tiselius 对电泳仪器作了改进，创造了 Tiselius 电泳仪，建立了研究蛋白质的移动界面电泳方法，并首次证明了血清是由白蛋白及 α、β、γ 球蛋白组成的。Tiselius 因其在电泳技术方面的开拓性贡献而获得了 1948 年的诺贝尔化学奖。

（4）电泳技术的进一步发展（1948 年）。1948 年，Wieland 和 Fischer 重新发展了以滤纸作为支持介质的电泳方法，对氨基酸的分离进行过研究。这些研究进一步推动了电泳技术的发展，并为电泳沉积技术的应用提供了理论基础。

（5）电泳沉积技术的原理提出与工业应用（20 世纪 30 年代末至 1963 年）。电泳沉积技术的原理于 20 世纪 30 年代末被首次提出，但直到 1963 年后才开始在工业上广泛应用。这种涂膜形成方法，特别是其对水性涂料的应用，在过去几十年中得到了显著发展。电泳涂装技术具有水溶性、低毒、易于自动化控制等特点，迅速在汽车、建材、五金、家电等行业得到广泛的应用。

（6）电泳沉积技术的过程与分类（现代）。

电泳沉积过程涉及一个复杂的电化学反应过程，主要包括电泳、电沉积、电解和电渗等四个步骤。电泳涂料朝厚膜化、高外观质量、多色化、低公害的方向发展。电泳工艺具有操作简单、沉积均匀、精度高等优点，被广泛应用于多个领域，如涂料、陶瓷、电子器件、生物材料等。

综上所述，电泳沉积技术从最初的电泳现象的发现，经过一个多世纪的发展，已经成为现代工业中不可或缺的表面处理技术之一。它不仅在材料科学领域有着广泛的应用，还在化学分析、生物技术等多个领域发挥着重要作用。

2.1.3 电泳沉积技术的特点

电泳沉积技术在工业生产中得到了广泛的应用，特别是在涂层制备、微纳米颗粒制备和生物材料制备等领域，主要依赖以下优势和特点。

（1）高质量涂层的获取　电泳沉积能够产生均匀且结构可控的涂层，这对于确保材料表面质量和性能至关重要。

（2）精确控制性　通过调节电场强度、电解液成分和沉积时间等参数，可以精确控制涂层的厚度和性能，满足不同的工业应用需求。

（3）改善基底性能　电泳沉积的涂层通常具有较高的机械强度和良好的表面平整度，这有助于提高材料的导电性和导热性等性能。

（4）环境友好性　电泳沉积工艺可以使用环保的电解液，减少有害化学物质的使用和排放，符合现代工业对环保的要求。

（5）普适性高　电泳沉积技术不仅限于单一材料，它可以应用于多种导电材料，提供了根据应用需求选择材料的灵活性。

（6）便捷性和低成本性　与其他涂层技术相比，电泳沉积的操作相对简单，不需要复杂的设备，易于实现自动化生产。

2.1.4 电泳沉积过程的影响因素

电泳沉积过程是由多种因素共同决定的，包括悬浮液的特性和电泳沉积工艺的具体条件。以下是一些关键的影响因素。

（1）颗粒尺寸　为了获得优质的电泳涂层，通常使用的颗粒尺寸小于 10 微米（μm）。

（2）电极材料　电极材料需要具有良好的导电性，不与溶液或带电粒子发生化学反应，表面均匀平整，且干净无油污。

（3）悬浮液的相对介电常数　相对介电常数影响沉积电场的强度，通常选择相对介电常数较高的悬浮液，其值一般在 15～25 之间。

（4）悬浮液的黏度　低黏度的悬浮液有助于提高电泳沉积的效率。

（5）悬浮液的电导率　电导率对带电粒子的迁移速率有显著影响，过高或过低的电导率都会影响电泳沉积的效果。一般建议选择较低的电导率，并通过添加剂来调节悬浮液的稳定性。

（6）外加电场　外加电场是驱动带电粒子迁移的关键因素，其强度一般控制在 $2\sim50\mathrm{V/mm}$ 之间以保证安全和效率。

（7）pH 值　pH 值对带电粒子的表面电荷和沉积行为有影响。一般选择 pH 值在 $5\sim7$ 之间，以保持近中性环境。

（8）沉积时间　通过控制沉积时间，可以调整涂层的规格和质量。不同时间段的沉积行为可能不同，因此沉积时间的选择对制备多组分薄膜材料至关重要。

（9）分散介质　分散介质的选择对电泳沉积效率至关重要。水基溶液便宜、无污染且 pH 易调节，但存在水解产生气体的问题。非水基溶液无气泡、安全易操作，适用于高电压电泳沉积，但介电常数较低，可能需要添加剂来调节。

2.2　电泳沉积过程机理

电泳沉积是一种在胶体溶液中对电极施加电压，使胶体粒子移向电极表面放电而形成沉积层的过程。因此，弄清胶体粒子的迁移过程机理对于理解电泳沉积至关重要。

首先，粒子或者颗粒的属性特点不同，导致其在不同的悬浮液中的带电情况也不同。因此，带电胶体是实现电泳沉积过程的第一个前提。一般可以通过在分散剂中加入表面活性剂或改性剂来改善颗粒的表面电荷情况。

其次，不同类型的微小粒子在悬浮液中均会发生程度不同的团聚现象。尽管颗粒的属性和特点千差万别，但是团聚现象主要分为以下两种：①受较弱的粒子之间的范德华力和库仑力引起的软团聚；②受较强的粒子之间的化学键合作用力、溶剂化力、毛细管力、憎水力、水动力等引起的硬团聚。无论是软团聚还是硬团聚的纳米粒子，目前常用的解聚方法主要包括以下几种：添加分散剂，改变颗粒表面性质，降低颗粒间的相互吸引力，从而实现颗粒的分散。或采用机械搅拌、超声波分散，或者几种方式联合处理，减少团聚，从而获得更细小、更均匀分散的颗粒。

确保悬浮液的稳定是高效电泳沉积的前提。大多数研究者比较认可的胶体颗粒的稳定性是取决于相邻粒子的之间的作用力：范德华引力与排斥力。磁性悬浮液的稳定性更为复杂，因为除了范德华引力和排斥力外，还涉及不同方向的磁场力。这些额外的力使得磁性悬浮液的稳定性受到更多因素的影响，目前对于这类悬浮液稳定性的理论还相对较少。一般地，DLVO（Derjaguin、Landau、Verwey and Overbeek）理论是评估非磁性悬浮液稳定性的有力工具，它基于 Poisson-Boltzmann 方程，考虑了范德华引力和双电层排斥力之间的相互作用。在这种理论框架下，悬浮液的稳定性取决于这两种力的平衡。当范德华引力和排斥力的合力接近零时，悬浮液达到最佳稳定性。

当两相邻纳米粒子的半径相同为 r，它们之间的作用力具体可以通过以下公式表示：

$$V = V_A + V_R \tag{2-1}$$

$$V_A = -\frac{A}{6D}\left(\frac{2}{s^2-4} + \frac{2}{s^2} + \ln\frac{s^2-4}{s^2}\right) \tag{2-2}$$

$$s = 2 + \frac{D}{r} \tag{2-3}$$

$$V_R = 2\pi a \varepsilon \varepsilon_0 \Psi^2 \ln\left[1 + e^{-\left(\frac{e_0^2 \Sigma n_i z_i^2}{\varepsilon \varepsilon_0 kT}\right)^{0.5} D}\right] \tag{2-4}$$

即：$$V = -\frac{A}{6D}\left(\frac{2}{s^2-4} + \frac{2}{s^2} + \ln\frac{s^2-4}{s^2}\right) + 2\pi a \varepsilon \varepsilon_0 \Psi^2 \ln\left[1 + e^{-\left(\frac{e_0^2 \Sigma n_i z_i^2}{\varepsilon \varepsilon_0 kT}\right)^{0.5} D}\right] \tag{2-5}$$

其中，V、V_A、V_R、A、D、ε、ε_0、Ψ、e_0、k、T、n_i 和 z_i 分别为相邻两带电粒子的相互作用总能量（合力）、范德华力、相互排斥力、Hamaker 常数、相邻两带电粒子距离、分散介质的相对介电常数、真空介电常数、表面电位、电子电荷、Boltzmann 常数、绝对温度、电解质的浓度以及带电粒子的价态。

当相邻两带电粒子距离 D 远远小于颗粒的半径 r 时，公式 2-2 可以简化为：

$$V_A = -\frac{Ar}{12D} \tag{2-6}$$

因此，$$V = -\frac{Ar}{12D} + 2\pi a \varepsilon \varepsilon_0 \Psi^2 \ln\left[1 + e^{-\left(\frac{e_0^2 \Sigma n_i z_i^2}{\varepsilon \varepsilon_0 kT}\right)^{0.5} D}\right] \tag{2-7}$$

当两相邻纳米粒子的半径为 r_1 和 r_2，此时它们之间的范德华作用力可以简化为：

$$V_A = -\frac{A}{6D}\left(\frac{r_1 r_2}{r_1 + r_2}\right) \tag{2-8}$$

此时相邻两带电粒子的相互作用总能量可以表示为：

$$V = -\frac{A}{6D}\left(\frac{r_1 r_2}{r_1 + r_2}\right) + 2\pi a \varepsilon \varepsilon_0 \Psi^2 \ln\left[1 + e^{-\left(\frac{e_0^2 \Sigma n_i z_i^2}{\varepsilon \varepsilon_0 kT}\right)^{0.5} D}\right] \tag{2-9}$$

通过公式可以看出，总势能（$V = V_A + V_R$）受到相邻两带电粒子之间的距离的影响较大。根据学者研究，二者的影响关系如图 2-1 所示：

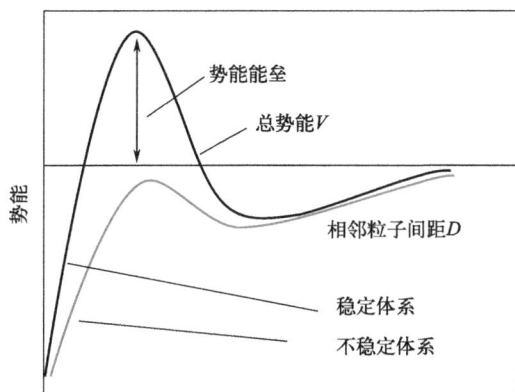

图 2-1　悬浮液中相邻粒子间距与势能之间的关系

从图 2-1 可以观察到，两个相邻粒子间的总势能 V 随间距 D 的增加先上升后下降，随后又逐渐增大，直至 D 趋于无穷大时接近零。需要注意的是，在小间距时，排斥力超过范德华引力，形成势能能垒。这个能垒的存在是体系稳定的关键，缺乏能垒则易发生絮凝或团聚现象。然而，即便是稳定体系，絮凝或团聚现象也会发生，只是程度较轻。如果悬浮液过于稳定，带电粒子间的强排斥力将会剧烈干扰外加电场，影响电泳沉积的正常进行。因此，适当的絮凝或团聚是必要的，以确保电沉积过程的高效性。

控制颗粒间的排斥力是提高悬浮液的稳定性的关键步骤。Zeta 电位（图 2-2）是衡量胶体等溶液分散系稳定性的重要指标。一般来说，在合适的条件下，Zeta 电位的绝对值越大，表明体系越稳定，反之亦然。通常，Zeta 电位的绝对值超过 ±30mV 时，悬浮液被认为是稳定的。通过上述方法调节 Zeta 电位，可以有效提高悬浮液的稳定性。但是不同体系的 Zeta 电位都可以通过添加不同的带电添加剂如酸、碱、聚合物等来改变，当然不同体系的 Zeta 电位的变化规律也不同。

非水介质的电泳沉积的原理（包括阳极和阴极电泳，如图 2-3 所示）通常涉及以下几个方面。

（1）电荷中和　在电场作用下，带电的粒子向相反电荷的电极移动。当这些粒子到达电极表面时，它们的电荷与电极的电荷发生中和，导致粒子沉积在电极上。

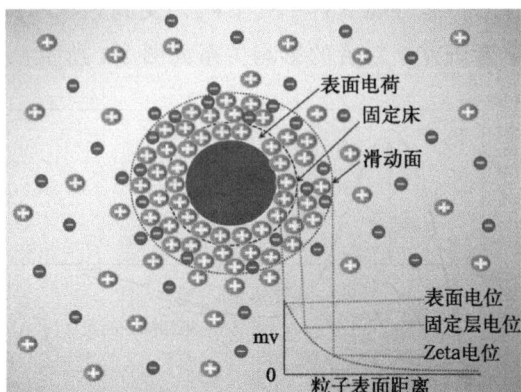

图 2-2　Zeta 电位的原理图

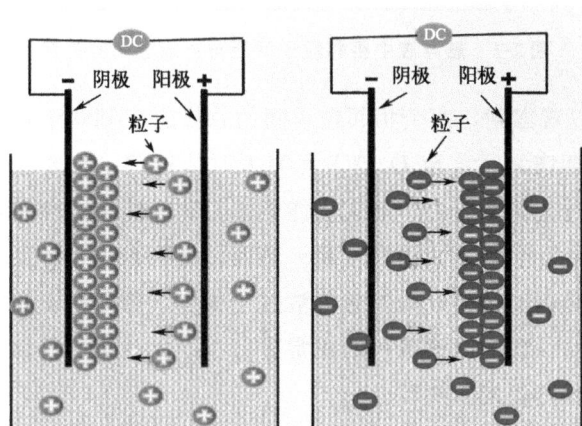

图 2-3　非水介质的电泳沉积的原理图

（2）电化学粒子凝聚　在电场的作用下，粒子间的排斥力降低，周围电解质浓度提高，导致粒子凝结，从而促进沉积过程。

（3）电双层（EDL）畸变和变薄（图 2-4）　在非水介质中，粒子表面的 EDL 结构在电场作用下可能发生畸变和变薄，这会影响粒子的稳定性和迁移行为，进而影响沉积过程。

（4）pH 局部变化　在电泳过程中，由于电解作用，电极附近可能会发生 pH 的变化，这种局部 pH 的变化会影响粒子的表面电荷，进而影响其沉积行为。

（5）颗粒积聚引起絮凝　电场将颗粒移向电极，颗粒由于受到内部和外层离子的压力沉积。

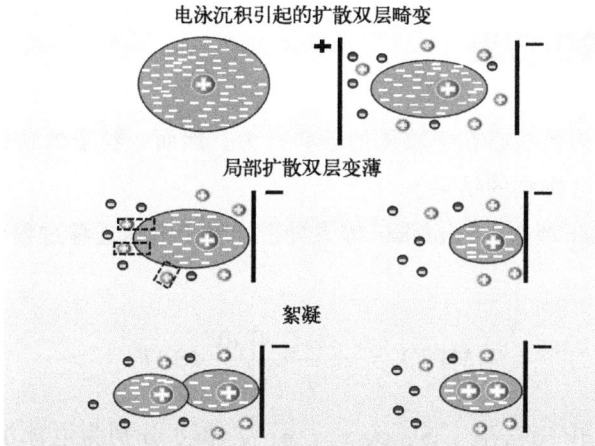

图 2-4　电双层（EDL）畸变和变薄原理

此外，对于水介质的电泳沉积的原理（图 2-5）主要包括初始阶段的水的电解形成高碱性边界层，带电颗粒的电泳动、电中和析出不溶物形成沉积层，薄膜脱水实现成膜过程。

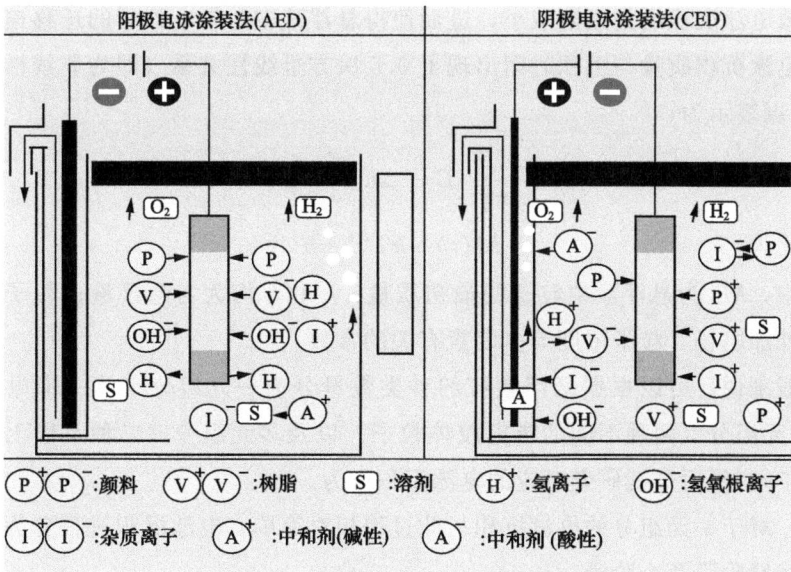

图 2-5　水介质的电泳沉积的原理图

2.3 电泳沉积行为

电泳沉积行为的核心在于粒子的迁移行为。然而，粒子的迁移如上文所述是受到多种因素综合影响的结果。

基于 Hamaker 理论，Tamrakar 等人分析，粒子电泳迁移过程可以由公式 2-10 表示：

$$M(T) = -\frac{\varepsilon\varepsilon_0\zeta}{\eta}c_s\iint\frac{dV}{dn}dSdT \qquad (2\text{-}10)$$

其中，M、dV/dn、c_s、S、ε、ε_0、η、T 和 ζ 分别为电泳沉积质量、外加场强、悬浮粒子的浓度、电极表面面积、分散介质的介电常数、真空介电常数、分散介质的黏性、电泳沉积时间和 Zeta 电位。

从上述公式可以看出电泳沉积质量与沉积时间呈一定线性函数关系，即为线性控制阶段。然而，经过大量的学者研究探索，对于更长时间的电泳沉积过程，沉积过程中受到带电颗粒的团聚、沉降、电泳液电阻、电极电阻等多因素的影响，导致电泳沉积增量逐渐减小，进而使得悬浮液中的带电粒子的迁移速率逐步减慢。电泳沉积质量与沉积时间出现了 0.5 次方呈线性关系（即为非线性控制阶段），可以表示为：

$$M(t) = -\frac{\varepsilon M_0\zeta}{4\pi\eta}(E-\Delta E)\int_0^t 2T^{0.5}e^{-kt}dT^{0.5} \qquad (2\text{-}11)$$

简化为
$$M(t) = kT^{0.5}+b \qquad (2\text{-}12)$$

其中，M_0 为悬浮液中粒子的最初质量，k 和 b 均为与悬浮液、粒子本身的性质、外加电场、粒子浓度等多因素有关的常数。

一般来说，可以根据悬浮颗粒的种类数量分为一元组分（单一带电胶体粒子）、二元组分（两种不同的带电胶体粒子）以及多元组分（三种及以上的带电胶体粒子），然后分别研究对应的电泳沉积行为。

（1）对于一元组分的电泳沉积　此过程相对简单，电泳沉积过程分为线性阶段和非线性阶段两个阶段。

① 线性阶段
$$M(t) = kT \qquad (2\text{-}13)$$

② 非线性阶段
$$M(t) = k'T^{0.5}+b' \qquad (2\text{-}14)$$

其中，k'、b' 和 k 均为常数。

（2）对于二元组分的电泳沉积　双组分电泳沉积是在电场作用下，同一悬浮液中两种性质不同的带电粒子同时沉积的过程。研究表明，不同粒子在电泳迁移中表现出不同的特性，如迁移速率、沉降速率和絮凝速度等。尽管如此，每个单一组分的电泳沉积过程仍然可以划分为两个阶段，其中粒子间的相互作用力通常可以忽略不计。

假设两种组分分别为 1 和 2，定义两种组分的电泳沉积线性控制阶段和非线性控制阶段的临界时间分别为 T_1、T_2，两种纳米粒子单独的沉积过程可以表示为：

① 线性阶段　　　　　$$M_1(T)=k_1T_1(T \leqslant T_1) \tag{2-15}$$

$$M_2(T)=k_2T_2(T \leqslant T_2) \tag{2-16}$$

② 非线性阶段　　　$$M_1'(T)=k_1'T_1^{0.5}+b_1'(T>T_1) \tag{2-17}$$

$$M_2'(T)=k_2'T_2^{0.5}+b_2'(T>T_2) \tag{2-18}$$

其中，$M_1(T)$、$M_2(T)$、$M_1'(T)$ 和 $M_2'(T)$ 分别为 1、2 纳米粒子的线性阶段和非线性阶段不同时间段的沉积质量；k_1、k_2、k_1'、k_2'、b_1' 和 b_2' 均为常数。

对于目标涂层而言，涂层中的组分各自的含量比决定着产物的性能。因此，沉积时间的选取和产物组分电泳沉积行为的研究就尤为重要。根据上述分析，二元组分电泳沉积行为就可以分为以下几种情况。

① 当二者的临界时间相同即 $T_1=T_2$ 时，产物两组分的质量比为：

$$\frac{M_1(T)}{M_2(T)}=\frac{k_1}{k_2}(T \leqslant T_1) \tag{2-19}$$

$$\frac{M_1(t)}{M_2(t)}=\frac{k_1'T^{0.5}+b_1'}{k_2'T^{0.5}+b_2'}(T>T_1) \tag{2-20}$$

② 当二者的临界时间不同，即 $T_1 \neq T_2$ 时，为了不失一般性，就假定 $T_1 \leqslant T_2$（这里如果 $T_1 > T_2$，下面的讨论完全适用），产物涂层中的两组分的质量比为：

$$\frac{M_1(T)}{M_2(T)}=\frac{k_1}{k_2}(T \leqslant T_1) \tag{2-21}$$

$$\frac{M_1(T)}{M_2(T)}=\frac{k_1'T^{0.5}+b_1'}{k_2T}(T_1<T \leqslant T_2) \tag{2-22}$$

$$\frac{M_1(T)}{M_2(T)}=\frac{k_1'T^{0.5}+b_1'}{k_2'T^{0.5}+b_2'}(T>T_2) \tag{2-23}$$

因此，通过分析不同组分在不同电泳沉积阶段的动力学行为，可以在特定沉积时间内确定产物组分的沉积质量和比例，进而计算出它们之间的摩尔比。通过调控反应物间的摩尔比来优化产物的性能。

（3）对于多元组分的电泳沉积　在多组分电泳沉积过程中，悬浮液中包含三种或更多带电粒子，过程更为复杂。但是，可以通过添加新颖组分来实现产物的多重性能，意义深远。这种技术在生物医药、含能材料、电池能源、智能制造等领域展现出巨大潜力。例如，在生物医药领域，可以通过电泳沉积同时组装多种药物以治疗特定疾病。在含能材料领域，通过电泳沉积可以制备具备多种性能（如优良热传导性、燃烧速度和少量气体产生）的新型薄膜材料。

假设有 $n(n \geqslant 3)$ 种组分分别为 1，$2 \cdots n-1$，n，各个组分电泳沉积过程的线性与非线性控制阶段的临界时间分别为 T_1，$T_2 \cdots T_{n-1}$，T_n，每种带电胶体粒子的电泳沉积过程可以分别表示如下。

① 线性控制阶段
$$M_1(T) = k_1 T (T \leqslant T_1) \tag{2-24}$$
$$M_2(T) = k_2 T (T \leqslant T_2) \tag{2-25}$$
$$\vdots \qquad\qquad \vdots$$
$$M_{n-1}(T) = k_{n-1} T (T \leqslant T_{n-1}) \tag{2-26}$$
$$M_n(T) = k_n T (T \leqslant T_n) \tag{2-27}$$

② 非线性控制阶段
$$M_1'(T) = k_1' T^{0.5} + b_1' (T > T_1) \tag{2-28}$$
$$M_2'(T) = k_2' T^{0.5} + b_2' (T > T_2) \tag{2-29}$$
$$\vdots \qquad\qquad \vdots$$
$$M_{n-1}' T = k_{n-1}' T^{0.5} + b_{n-1}' (T > T_{n-1}) \tag{2-30}$$
$$M_n'(T) = k_n' T^{0.5} + b_n' (T > T_n) \tag{2-31}$$

其中，$M_{n-1}(T)$、$M_n(T)$、$M_{n-1}'(T)$ 和 $M_n'(T)$ 分别为 $n-1$、n 种纳米粒子的上述两个电泳沉积阶段在不同时间下的沉积质量；k_{n-1}、k_n、k_{n-1}'、k_n'、b_{n-1}' 和 b_n' 均为常数。

同样的，对于多元组分的电泳沉积而言，产物的组分更为重要。为了不失一般性，各个组分的关键时间排序为：$T_1 \leqslant T_2 \leqslant \cdots \leqslant T_{n-1} \leqslant T_n$，多组分电泳沉积过程就可以分为以下几种情况。

① 当各个组分的关键时间相同数为 n，即 $T_1 = T_2 = \cdots = T_{n-1} = T_n$ 时，产

物组分的比值 $[R=M_1(T):M_2(T):\cdots:M_{n-1}(T):M_n(T)]$ 为：

$$R=k_1:k_2:\cdots:k_{n-1}:k_n\quad(T\leqslant T_1=\cdots=T_n) \tag{2-32}$$

$$R=k_1'T^{0.5}+b_1':k_2'T^{0.5}+b_2':\cdots:k_{n-1}'T^{0.5}+b_{n-1}':k_n'T^{0.5}+b_n'\quad(T>T_1) \tag{2-33}$$

② 当各个组分的关键时间相同数为 $n-1$，存在两种情况即：$T_1=T_2=\cdots=T_{n-1}<T_n$ 和 $T_1<T_2=\cdots=T_{n-1}=T_n$

a. 当 $T_1=T_2=\cdots=T_{n-1}<T_n$ 时，产物各组分的质量比为：

$$R=k_1:k_2:\cdots:k_{n-1}:k_n\quad(T\leqslant T_1=\cdots=T_{n-1}) \tag{2-34}$$

$$R=k_1'T^{0.5}+b_1':k_2'T^{0.5}+b_2':\cdots:k_{n-1}'T^{0.5}+b_{n-1}':k_nT\quad(T_{n-1}<T\leqslant T_n) \tag{2-35}$$

$$R=k_1'T^{0.5}+b_1':k_2'T^{0.5}+b_2':\cdots:k_{n-1}'T^{0.5}+b_{n-1}':k_n'T^{0.5}+b_n'\quad(T>T_n) \tag{2-36}$$

b. 当 $T_1<T_2=\cdots=T_{n-1}=T_n$ 时，产物各组分的质量比为：

$$R=k_1:k_2:\cdots:k_{n-1}:k_n\quad(T\leqslant T_2=\cdots=T_n) \tag{2-37}$$

$$R=k_1'T^{0.5}+b_1':k_2T:\cdots:k_{n-1}T:k_nT\quad(T_1<T\leqslant T_n) \tag{2-38}$$

$$R=k_1'T^{0.5}+b_1':k_2'T^{0.5}+b_2':\cdots:k_{n-1}'T^{0.5}+b_{n-1}':k_n'T^{0.5}+b_n'\quad(T>T_n) \tag{2-39}$$

$$\vdots\qquad\qquad\vdots$$
$$\vdots\qquad\qquad\vdots$$
$$\vdots\qquad\qquad\vdots$$

③ 当各个组分的关键时间相同数为 2，存在 $n-1$ 种情况，即：

a. 当 $T_1=T_2<\cdots<T_{n-1}<T_n$ 时，

$$R=k_1:k_2:\cdots:k_{n-1}:k_n\quad(T\leqslant T_1=T_2) \tag{2-40}$$

$$R=k_1'T^{0.5}+b_1':k_2'T^{0.5}+b_2':k_3T:\cdots:k_{n-1}T:k_nT\quad(T_2<T\leqslant T_3) \tag{2-41}$$

$$\vdots\qquad\qquad\vdots$$
$$\vdots\qquad\qquad\vdots$$
$$\vdots\qquad\qquad\vdots$$

$$R=k_1'T^{0.5}+b_1':k_2'T^{0.5}+b_2':\cdots:k_{n-1}'T^{0.5}+b_{n-1}':k_nT\quad(T_{n-1}<T\leqslant T_n) \tag{2-42}$$

$$R=k_1'T^{0.5}+b_1':k_2'T^{0.5}+b_2':\cdots:k_{n-1}'T^{0.5}+b_{n-1}':k_n'T^{0.5}+b_n'\quad(T>T_n) \tag{2-43}$$

b. $T_1<T_2=T_3<\cdots<T_{n-1}<T_n$ 时，

$$R=k_1:k_2:\cdots:k_{n-1}:k_n\quad(T\leqslant T_1) \tag{2-44}$$

$$R=k_1'T^{0.5}+b_1':k_2T:\cdots:k_{n-1}T:k_nT\quad(T_1<T\leqslant T_2=T_3) \tag{2-45}$$

$$\vdots\qquad\qquad\vdots$$
$$\vdots\qquad\qquad\vdots$$
$$\vdots\qquad\qquad\vdots$$

$$R = k'_1 T^{0.5} + b'_1 : k'_2 T^{0.5} + b'_2 : \cdots : k'_{n-1} T^{0.5} + b'_{n-1} : k_n T \quad (T_{n-1} < T \leqslant T_n) \quad (2\text{-}46)$$

$$R = k'_1 T^{0.5} + b'_1 : k'_2 T^{0.5} + b'_2 : \cdots : k'_{n-1} T^{0.5} + b'_{n-1} : k'_n T^{0.5} + b'_n \quad (T > T_n) \quad (2\text{-}47)$$

$$\vdots \qquad\qquad \vdots$$
$$\vdots \qquad\qquad \vdots$$
$$\vdots \qquad\qquad \vdots$$

c. 第 $(n-2)$ 种情况，即当 $T_1 < T_2 < \cdots < T_{n-2} = T_{n-1} < T_n$ 时，

$$R = k_1 : k_2 : \cdots : k_{n-1} : k_n \quad (T \leqslant T_1) \quad (2\text{-}48)$$

$$R = k'_1 T^{0.5} + b'_1 : k_2 T : \cdots : k_{n-1} T : k_n T \quad (T_1 < T \leqslant T_2) \quad (2\text{-}49)$$

$$\vdots \qquad\qquad \vdots$$
$$\vdots \qquad\qquad \vdots$$
$$\vdots \qquad\qquad \vdots$$

$$R = k'_1 T^{0.5} + b'_1 : k'_2 T^{0.5} + b'_2 : \cdots : k_{n-2} T : k_{n-1} T : k_n T^{0.5} \quad (T_{n-3} < T \leqslant T_{n-2} = T_{n-1}) \quad (2\text{-}50)$$

$$R = k'_1 T^{0.5} + b'_1 : k'_2 T^{0.5} + b'_2 : \cdots : k'_{n-2} T^{0.5} + b'_{n-2} : k_{n-1} T : k_n T \quad (T_{n-1} < T \leqslant T_n) \quad (2\text{-}51)$$

$$R = k'_1 T^{0.5} + b'_1 : k'_2 T^{0.5} + b'_2 : \cdots : k'_{n-1} T^{0.5} + b'_{n-1} : k'_n T^{0.5} + b'_n \quad (T > T_n) \quad (2\text{-}52)$$

d. 第 $(n-1)$ 种情况，即当 $T_1 < T_2 < \cdots < T_{n-2} < T_{n-1} = T_n$ 时，

$$R = k_1 : k_2 : \cdots : k_{n-1} : k_n \quad (T \leqslant T_1) \quad (2\text{-}53)$$

$$R = k'_1 T^{0.5} + b'_1 : k_2 T : \cdots : k_{n-1} T : k_n T \quad (T_1 < T \leqslant T_2) \quad (2\text{-}54)$$

$$\vdots \qquad\qquad \vdots$$
$$\vdots \qquad\qquad \vdots$$

$$R = k'_1 T^{0.5} + b'_1 : k'_2 T^{0.5} + b'_2 : \cdots : k'_{n-2} T^{0.5} + b'_{n-2} : k_{n-1} T : k_n T \quad (T_{n-2} < T \leqslant T_{n-1}) \quad (2\text{-}55)$$

$$R = k'_1 T^{0.5} + b'_1 : k'_2 T^{0.5} + b'_2 : \cdots : k'_{n-1} T^{0.5} + b'_{n-1} : k'_n T^{0.5} + b'_n \quad (T > T_{n-1} = T_n) \quad (2\text{-}56)$$

e. 当各个组分的关键时间相同数为 0，即关键时间各不相同，为了不失一般性，即：$T_1 < T_2 < \cdots < T_{n-1} < T_n$，此时产物各组分的质量比为：

$$R = k_1 : k_2 : \cdots : k_{n-1} : k_n \quad (T \leqslant T_1) \quad (2\text{-}57)$$

$$R = k'_1 T^{0.5} + b'_1 : k_2 T : k_3 T : \cdots : k_{n-1} T : k_n T \quad (T_1 < T \leqslant T_2) \quad (2\text{-}58)$$

$$\vdots \qquad\qquad \vdots$$
$$\vdots \qquad\qquad \vdots$$
$$\vdots \qquad\qquad \vdots$$

$$R = k'_1 T^{0.5} + b'_1 : k'_2 T^{0.5} + b'_2 : \cdots : k'_{n-1} T^{0.5} + b'_{n-1} : k_n T \quad (T_{n-1} < T \leqslant T_n) \quad (2\text{-}59)$$

$$R = k'_1 T^{0.5} + b'_1 : k'_2 T^{0.5} + b'_2 : \cdots : k'_{n-1} T^{0.5} + b'_{n-1} : k'_n T^{0.5} + b'_n \quad (T > T_n) \quad (2\text{-}60)$$

综上所述，在多元组分电泳沉积过程中，可以通过各组分的电泳沉积动力学

行为来确定产物中各组分的比例，进而通过比例调控来实现优化产物性能的目的。

2.4　电泳沉积技术的应用

电泳沉积（EPD）技术是一种利用电场驱动带电颗粒沉积到电极表面的方法。该技术因其操作简便、均匀性好、快速涂层形成以及对基底表面结构不敏感等优势，在材料科学、化学工程和电子显示技术等多个领域中得到了广泛应用。目前的应用研究主要集中在以下几个方面。

（1）高性能涂层　EPD 技术能产生均匀的涂层，极大增强了材料的耐腐蚀与抗氧化特性。在固体氧化物燃料电池（SOFC）中，EPD 被用来在金属连接件上形成尖晶石涂层，以提升其在高温环境中的氧化电阻和电导率。

（2）纳米颗粒的合成　通过精确控制 EPD 的条件，可以合成特定形状和尺寸的纳米颗粒，为纳米材料和器件的制造提供基础。该技术已经被广泛应用于制作各类陶瓷和金属纳米颗粒，包括碳纳米管和其他无机纳米结构。

（3）电子纸显示　EPD 技术在电子纸显示领域通过电场操纵颜色颗粒的位置，实现了低功耗、高对比度和快速刷新的显示效果，非常适合用于智能手表、电子书阅读器和可穿戴设备等产品。

（4）功能薄膜的制造　EPD 技术也被用于制造传感器、电容器等微电子设备的电极和薄膜，为这些功能材料的制备提供了一种高效的手段。

（5）生物材料的应用　在生物医学领域，EPD 技术能够通过调整电场强度和离子浓度来控制生物材料表面的电荷状态，这对于生物材料的制备和表面改性至关重要。也可以用于分析和分离一些天然胶体组分，例如蛋白质、多糖、核酸等。

（6）防伪技术的发展　EPD 技术在防伪领域也展现出巨大潜力，通过在 TiO_2 电泳粒子上复合钙钛矿量子点，可以制备出具备荧光特性的电泳粒子，用于开发新型的防伪产品。

第 **3** 章

含能材料的分析
研究方法

3.1 材料结构性质表征方法

众所周知，含能材料的结构性质千差万别，但是分析手段和表征方法有类似之处，主要包括：X射线衍射光谱分析、X射线光电子能谱分析、傅里叶红外光谱分析、扫描电子显微镜、透射电子显微镜、原子力显微镜、核磁共振仪等。

3.1.1 X射线衍射光谱分析

X射线衍射（X-ray diffraction，XRD）是一种分析技术，通过X射线与晶体物质的相互作用来研究物质的晶体结构。XRD基于布拉格定律，即 $2d\sin\theta = n\lambda$，来测定晶体的晶面间距和衍射角。这项技术能够进行含能材料的物相的定性与定量分析，评估材料的结晶度，精确测量点阵参数，以及测定材料内部的应力状态。XRD的应用范围广泛，不限于材料科学、化学、生物医药等领域，是研究材料微观结构的重要工具。现代XRD设备通常包括X射线源、样品架、探测器和数据处理系统，能够自动化和智能化地提供精确的分析结果。

3.1.2 X射线光电子能谱分析

X射线光电子能谱（X-ray photoelectron spectroscopy，XPS）是一种表面分析技术，通过X射线激发含能材料样品表面的电子来探测材料的元素组成和化学状态。XPS能够分析除氢和氦以外的所有元素，对元素的定性和定量分析具有高灵敏度，且能准确观测化学位移，识别元素的氧化态和化学环境。该技术分析深度约为2nm，适合研究含能材料表面性质。XPS广泛应用于元素定性定量分析、表面化学组成分析、化合物结构鉴定以及分子生物学中的微量元素分析。由于其能够提供材料表面详细的化学信息，XPS成为材料科学、化学、物理和生物医学等领域研究中不可或缺的工具。

3.1.3 傅里叶变换红外光谱分析

傅里叶变换红外光谱分析（Fourier transform infrared spectroscopy，FTIR）是一种基于红外光吸收的化学分析技术，用于鉴定含能材料（固体、液体或气体）中的官能团，为研究分子结构和化学组成提供了一种快速、灵敏和非破坏性的分析方法。分子中的化学键在吸收特定频率的红外光时会发生振动，形成特征吸收峰。FTIR 通过测量这些振动的频率和强度，提供分子结构的信息。该技术利用傅里叶变换将时间域的干涉图转换为频率域的光谱图，实现快速全光谱信息获取。FTIR 的主要应用包括化合物的定性鉴定、定量分析、化学反应监测以及材料表征。它在聚合物、药物、环境科学和石油化工等领域有广泛应用。

3.1.4 扫描电子显微镜

扫描电子显微镜（scanning electron microscope，SEM）是一种高分辨率显微镜技术，通过高能电子束与样品表面相互作用产生的二次电子和背散射电子等信号来获取含能材料等样品的表面形貌和成分信息。SEM 的分辨率可达到纳米级别，放大倍数从数倍到数十万倍不等，具有较大的景深和立体感，能够提供样品的三维形貌。SEM 不仅可以观察材料的表面结构和分析成分，也可以研究细胞和组织的表面形态，还可以用于分析材料的晶格、杂质和缺陷。SEM 的优势在于其高分辨率、高灵敏度和多功能性，可以配备多种探测器和附件，实现元素分析等多种分析功能。

3.1.5 透射电子显微镜

透射电子显微镜（transmission electron microscopy，TEM）是一种高分辨率显微镜技术，它通过高能电子束与薄样品相互作用产生的图像来研究含能材料等样品的微观结构。TEM 的分辨率可达 $0.1 \sim 0.2nm$，放大倍数高达数万至百万倍，因此能够观察到单个原子的排列和结构。这种强大的成像能力使其在材料科学、生物学和医学等领域得到广泛应用，如研究细胞结构、病毒形态和材料的晶体结构等。

3.1.6 原子力显微镜

原子力显微镜（atomic force microscope，AFM）是一种纳米级表面分析技术，通过检测探针与含能材料等样品表面间的微弱原子间相互作用力来获取表面形貌和物理性质信息。AFM 能够分析导体和非导体，其探针与样品接触时，由于原子间的排斥力或吸引力，探针会发生弯曲或振动。这些变化通过光学检测系统测量，并转化为样品表面形貌的图像。AFM 的优点包括提供真正的三维图像，无需特殊样品处理，能在常压和液体环境下工作，适用于研究生物大分子和活体组织。其成像范围虽然有限，但分辨率极高，因此在材料科学、生物医学和纳米技术等领域有广泛应用。AFM克服了扫描隧道显微镜只能用于导电样品的限制，允许对更广泛的样品进行原子级分辨率的成像。

3.1.7　核磁共振谱分析

核磁共振谱分析（nuclear magnetic resonance，NMR）是一种强大的分析技术，通过检测涉及有机类型含能材料等样品在强磁场中原子核对射频辐射的吸收来研究分子结构。NMR能够提供分子中不同原子的类型、数量和相对位置信息。其原理是基于原子核在磁场中的能级分裂，吸收特定频率的电磁辐射时发生能级跃迁。NMR谱图反映了分子的化学结构和动力学信息，可用于有机物结构测定、反应机理研究、高分子序列结构分析，以及生物大分子如蛋白质和核酸的结构与功能研究。NMR技术在物理、化学、生物医学等领域有广泛应用，如医学诊断、药物研发等。通过分析化学位移、耦合常数和峰面积等参数，NMR谱图可以揭示分子的结构和动力学特性。随着技术进步，NMR的应用范围不断扩大，包括高分辨率固体NMR技术和高磁场强度的仪器，使得大分子结构研究更加深入。

3.2　润湿性能分析方法

3.2.1　接触角仪

接触角仪是一种用于测量液体在含能材料等固体表面上形成的接触角的仪器，接触角反映了液体与固体之间的相互作用。该仪器广泛应用于材料科学、涂层评估、生物材料研究等领域。通过测量不同液体在材料表面上的接触角，可以评估材料的润湿性能，从而判断其表面特性。现代接触角仪通常配备高分辨率摄像头和图像处理软件，以提高测量的准确性和效率。

3.2.2　盐雾箱

盐雾箱是一种用于测试含能材料等的耐候性或耐腐蚀性的设备，广泛应用于汽车、航空航天、电子产品等行业。它通过将盐水溶液雾化成微小盐雾颗粒，模拟潮湿环境，持续喷洒液体在测试样品上。盐雾测试遵循国际标准（如 ASTM

B117），可以评估金属、涂层和塑料等材料的耐性。通过观察样品在特定时间内的表面结构变化情况，来评估产品的使用寿命和稳定性或环境耐性。

3.3　放热性能分析方法

3.3.1　差示扫描量热仪

差示扫描量热仪（DSC）是分析含能材料等物质热性质的热分析技术。它在程序控温下测量样品与参比物间的功率差，记录热流率变化，以绘制 DSC 曲线。曲线能反映材料的吸热或放热速率，从而测定反应热、比热容、反应热等热力学参数。DSC 特点包括宽温度范围（室温至 1500℃，可扩展至更高温度）、高灵敏度和分辨率、双向控制、数字式气体流量计以及多种气氛控制。技术参数涵盖 ±500mW 量程，$1\sim80$℃/min 升温速率，$1\sim20$℃/min 降温速率，温度波动和重复性为 ±0.1℃，基线噪声、分辨率、精确度、灵敏度在 $0.01\sim0.1\mu$W 范围内。

3.3.2　点火燃爆分析

点火燃爆分析是研究含能材料等材料在受热或其他刺激下发生燃烧或爆炸行为的科学。通过这种分析，可以了解材料的燃烧特性、爆炸极限、点火能量、燃烧速度以及燃烧转爆轰（DDT）等关键参数。点火燃爆技术包括化学引燃、光能激发、电磁波加热、冲击波和电能激发等方法。化学引燃利用点火药化学反应生热点燃材料；光能激发通过激光等将光能转为热能；电磁波加热如微波远程加热材料；冲击波通过爆炸产生高压引燃；电能激发则通过电火花或电弧点火。液体火箭发动机可能使用特殊点火剂或电火花塞。选择合适的点火方式需基于材料和环境条件。

3.4　定量分析

3.4.1　能量色散 X 射线光谱仪

能量色散 X 射线光谱仪（energy dispersive X-ray spectroscopy，EDX）是一

种用于分析材料元素组成的仪器。它通过激发样品产生 X 射线荧光，测量不同元素特有的能量来识别和定量元素。EDX 广泛应用于材料科学、地质学等多个领域，能分析固体、粉末、液体等样品。其优势在于非破坏性、快速、准确和高灵敏度。简而言之，EDX 是科研和工业中不可或缺的分析工具。采用 EDX 可以得到含能薄膜材料的表面中不同元素的分布以及含量比，是一种半定量分析方法。

3.4.2　原子吸收光谱法

原子吸收光谱法（atomic absorption spectroscopy，AAS），又称原子分光光度法，是一种基于气态原子对特定波长光辐射吸收的分析技术，主要应用于地质、冶金、材料、石油、化工、机械、建材、农业、医药、环保等领域，能够分析 70 多种元素。AAS 具有高灵敏度、高选择性、高准确度和抗干扰能力强等优点，设备操作简单、分析速度快。在含能材料中，通过 AAS 技术分析产物溶解在测试液中的金属离子的浓度比来分析不同元素的比例，进而计算出产物中不同组分的含量比。

3.5　理论模拟分析

含能材料的理论模拟也是评估或预测含能材料性能参数（例如生成焓、放热量、反应活性等），并解析反应机理中重要的研究手段。表 3-1 详细地列出了目前含能材料的理论模拟研究方法并涉及的分析软件等。除此之外，通常采用基辛格法和等转化率法来研究含能材料热分解动力学；采用经验模型法、联合动力学分析法和样品受控热分析法来研究热分解反应物理模型等。

表 3-1　含能材料的理论模拟研究方法及软件汇总

研究方法	研究目的	常用软件
量子化学方法	分析含能材料感度；处理含能体系电子效应相关的问题；研究含能分子的结构、化学反应、分子性质等	Gaussian NWChem VASP Q-Chem ADF Turbomole Molpro Gamess

续表

研究方法	研究目的	常用软件
分子动力学模拟(MD)	分析含能材料反应活性等	Gromacs NAMD AMBER LAMMPS Charmm
第一性原理计算	计算含能材料的电子结构和性质等	Quantum ESPRESSO ABINIT CASTEP WIEN2K Gaussian ORCA
基团贡献法和定量结构-性质/活性关系法(QSPR/QSAR)	通过数学和统计学的方法建立经验和理论模型	SPSS、R 语言等
含能材料高精度原子模拟法	对大体系、晶体结构复杂的含能材料实现前处理建模、大规计算和后处理结果分析一体化;分析高能炸药、固体推进剂与发射剂等含能材料的高精度能量、物性、爆轰性能、热力学及动力学性质	HASEM
爆轰性能预估法	预测猛炸药的爆炸特性,如爆炸产物的成分、爆速、爆压、爆温、爆热等	EXPLO 5 ANSYS Autodyn

第 **4** 章

单质型二元含能材料
电泳成膜实验研究

4.1 概述

非氧化物型二元含能材料主要包括金属 M/金属 M 型、金属 M/非金属 NM 型等含能材料，如表 4-1 所示。此类材料能在较低的能量激发下发生单质间的化学反应进而释放能量，在军事、航空、航天等领域具有广泛的应用，如作为推进剂、爆炸物或作为能量存储介质等。

表 4-1　常见的一些含能复合（单质/单质）材料及相关参数

反应物	反应方程式	$-Q_C/(\mathrm{cal/g})$	$-Q/(\mathrm{J/g})$
Al/C	$4Al+3C=Al_4C_3$	371	1550.78
Al/Ni	$Al+Ni=AlNi$	330	1379.4
Al/Ti	$Al+Ti=AlTi$	240	1003.2
Al/S	$2Al+3S=Al_2S_3$	800	3344
Al/V	$3Al+V=Al_3V$	198	827.64
C/Ti	$C+Ti=CTi$	736	3076.48
B/Ti	$2B+Ti=B_2Ti$	1320	5517.6

注：$-Q_C$ 和 $-Q$ 为各个体系的反应热。1cal＝4.18J。

电泳沉积技术已经实现了一系列非氧化物型二元含能体系的薄膜设计，例如 B/Ti、Al/Ni 等。Al/Ni 是一类常见且使用最为广泛的金属/金属复合含能材料。随着纳米技术的进一步发展，纳米级的粉体或者层层接触大大地提升了放热效率，加快了反应速度。研究发现磁控溅射得到纳米 Al/Ni 多层含能材料在电火花起爆过程中的局部温度可达到 6700℃左右。因此，Al/Ni 体系是一类极有优势的含能材料。纳米 Al/Ni 的作为一种新型的含能复合材料已经广泛应用于焊接，以及微电子、纳米结构材料的制备等领域。

因此，本章主要以 Al/Ni 含能体系为例进行阐述，从实验原料和实验过程出发设计单质型二元 Al/Ni 含能涂层；提出稳定悬浮液的确定方法；分析不同的影响因素下的电泳沉积行为，以及微观结构、表面形貌和放热能力的综合评估。

4.2　实验过程

4.2.1　实验原料

纳米级含能材料的研究是当下的研究热门。通常可以选用直径不同的纳米 Al 粉和纳米 Ni 粉。粉体均商购获得,也可以通过实验的方法制得。但是,需要注意的是,使用之前密封保存,以防止纳米颗粒的氧化。

设计单质型二元 Al/Ni 含能涂层用到的实验液体溶剂包括异丙醇、甲醇、丙醇、丁醇、乙酰丙酮、乙醚等,都是常规溶剂。

一般基底的选择根据需求来定。通常,导电(如 Cu、Ti、Ni、不锈钢等)基材都可以实现电泳。但是,对于不导电的基材而言,可以通过金属化处理,如化学镀 Ni 等方法,使得基材导电进而进行电泳沉积。本实验中使用的电极材料,包括但是不限于商用不锈钢片(纯度 99%),导热电阻丝(Cr20Ni80,电阻率为 5.551Ω/m),点火桥(微型火工品)。

4.2.2　实验步骤

本实验采用电泳沉积技术将单质型含能材料组装成膜。一般来说,实验步骤具体如下:首先是电极前处理,包括电极材料的裁剪、打磨、清洗、干燥等。其次是分散剂的选择,一般经过筛选法和经验法进行优选分散剂。而后,将一定量的分散剂与含能单质粒子(纳米 Al 和纳米 Ni)分散于容器中,超声处理,获取稳定悬浮液。搭建电泳沉积回路,即连通电极、悬浮液和电泳仪等设备,通过调控电极两端实现可控的电泳沉积过程。最后,通过真空干燥和自然冷却处理得到单质型二元 Al/Ni 含能材料。

4.3　最优悬浮液的确定方法

一般来说,最优悬浮液的确定方法为经验法和 Zeta 电位测试法相结合。在本实验中,如表 4-2 所示,优先选择一系列研究同行常用的纳米颗粒的电泳沉积分散剂,然后经过电泳沉积过程后获得样品,通过计算涂层质量、沉积均匀性等指标评价电泳沉积效果，进而初步判断较好的分散剂。然后结合 Zeta 电位仪测试不同的悬浮液中颗粒的 Zeta 电位值，最终选用异丙醇（Zeta 电位值最大）为本实验的最佳分散剂进行获取最优悬浮液。

表 4-2　不同分散剂下的单质型二元 Al/Ni 含能涂层的电泳沉积效果

分散剂	甲醇	乙醇	丙醇	异丙醇	乙酰丙酮	丁醇	戊醇	庚醇	酯类	水溶液	中性无机盐
浓度/(g/L)	1~4	1~4	1~4	1~4	1~4	1~4	1~4	1~4	1~4	1~4	1~4
电泳沉积效果	无效果	无效果	差	很好	无效果	无效果	无效果	无效果	无效果	无效果	无效果

4.4　电泳沉积行为研究

4.4.1　还原剂单质的电泳沉积行为分析

首先单独研究纳米还原剂单质（Al 粒子）的电泳沉积动力学（图 4-1）。从图中可以看出，6min 之前，纳米 Al 粒子的电泳沉积质量与时间呈线性关系，其对应的拟合线性表达式如下：

$$W(T) = 0.0009T \, (0 < T \leqslant T_{\mathrm{m}}; T_{\mathrm{m}} = 6\mathrm{min}), R^2 = 0.9935 \qquad (4-1)$$

其中，$W(T)$，T 和 T_{m} 分别为 Al 纳米粒子电位面积上的电泳沉积质量、电

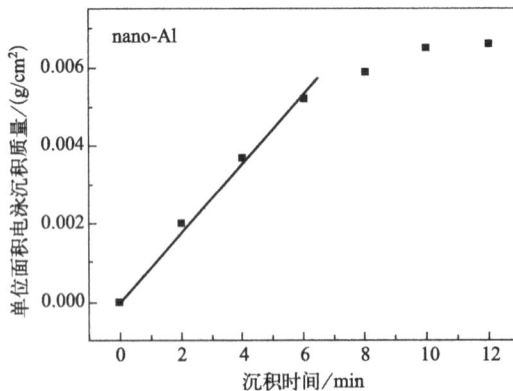

图 4-1　纳米 Al 粒子的单位面积电泳沉积质量与沉积时间的关系

泳沉积时间、线性控制区域与非线性控制区域交界的临界时间，下同。在电泳初期，纳米粒子较多即粒子源较为充沛，能够提供基本可以维持恒定电泳沉积的 Al 粉。当沉积时间增长，电泳沉积质量的增加逐渐减小，此时电泳沉积量与沉积时间呈非线性关系，可以表达为：

$$W(T)=0.001T^{0.5}+0.002(T>T_m;T_m=6\mathrm{min}),R^2=0.9941 \quad (4\text{-}2)$$

随着电泳沉积继续进行（超过 6min），纳米粒子之间的碰撞增强，团聚程度也随之逐渐增强，同时粒子的沉降加剧，共同作用下使得电泳沉积的沉积速率逐渐减慢。

4.4.2 氧化剂单质的电泳沉积行为分析

进一步单独研究氧化剂单质（纳米 Ni 粒子）的电泳沉积动力学。图 4-2 为纳米 Ni 粒子的电泳沉积量 $W(T)$ 随着沉积时间(T) 的变化关系图。从图中可以看出，电泳沉积行为较为类似。实验发现，在 0～6min 内，纳米 Ni 粒子的电泳组装过程为线性控制，并发现拟合度高，相关表达式为：

$$W(T)=0.00089T(0<T\leqslant T_m;T_m=6\mathrm{min}),R^2=0.9935 \quad (4\text{-}3)$$

当电泳沉积时间超过 6min 且继续增加，对应的纳米 Ni 粒子的沉积速率和纳米 Al 粉的沉积速率类似，即逐渐减慢。此时，电泳沉积过程即为非线性控制。基于实验数据拟合的表达式如下：

$$W(T)=0.00135T^{0.5}+0.00167(T>T_m;T_m=6\mathrm{min}),R^2=0.9955 \quad (4\text{-}4)$$

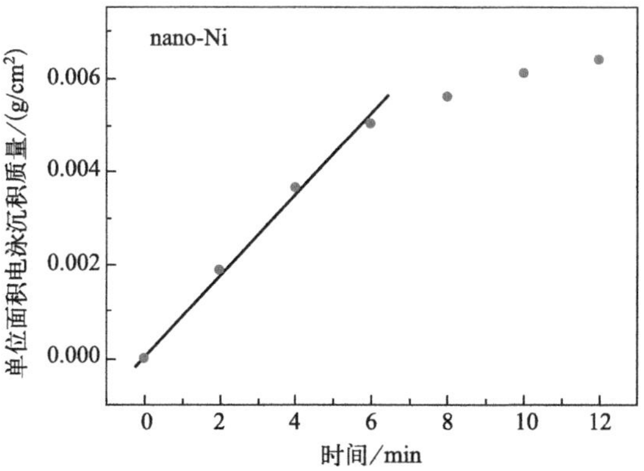

图 4-2 纳米 Ni 粒子的单位面积电泳沉积质量与沉积时间的关系

4.4.3　二元 Al/Ni 含能涂层的电泳沉积行为分析

一般地，基于单元（Al 或 Ni）电泳沉积动力行为的研究能为复合涂层的电泳沉积行为提供研究基础。复合涂层的电泳沉积行为的研究主要考虑电泳沉积时间、电极两端电压或场强、悬浮液中颗粒浓度等因素对电泳沉积效率的影响规律。

（1）电泳沉积时间对电泳沉积行为的影响　图 4-3 为纳米二元 Al/Ni 含能涂层的单位面积电泳沉积质量与沉积时间的关系图。假设悬浮液中纳米 Al 和纳米 Ni 粒子的质量比为 p/q。电泳沉积时间为 $0\sim6\mathrm{min}$，纳米二元 Al/Ni 含能涂层中的纳米 Al 和 Ni 粒子的质量比(R) 可以表示为：

$$R = \frac{p1.01}{q1.0}(0 < T \leqslant 6\mathrm{min}) \tag{4-5}$$

特别地，在该体系下两者的电泳沉积的线性和非线性控制区域相同，因此，两种粒子的可以简化一种粒子，即电泳沉积过程比较简单。电泳沉积时间为 $6\sim12\mathrm{min}$，纳米二元 Al/Ni 含能涂层中的纳米 Al 和 Ni 粒子的(R) 可以表示为：

$$R = \frac{p(0.001T^{0.5} + 0.002)}{q(0.00135T^{0.5} + 0.00167)}(6 < T \leqslant 12\mathrm{min}) \tag{4-6}$$

可以发现，不同的控制区域下的纳米二元 Al/Ni 含能涂层中的 R 受两种粒子在悬浮液中的质量比有关。此外，通过电泳沉积动力学行为的研究来实现二元 Al/Ni 含能涂层的组分比例的优化，进而调控产物的性能输出。

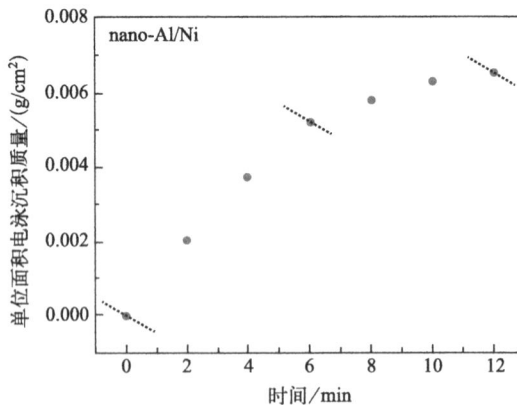

图 4-3　纳米二元 Al/Ni 含能涂层的单位面积电泳沉积质量与时间的关系

（2）电泳沉积电泳或者场强对电泳沉积行为的影响　为了研究电泳沉积电泳

或者场强对纳米二元 Al/Ni 含能涂层的电泳沉积行为，首先控制纳米粒子浓度和电泳沉积时间恒定（例如，1g/L 和 12min）。通过调节外加场强来分析纳米二元 Al/Ni 含能涂层的沉积质量的变化规律。实验发现，在相同的电泳时间间隔内，随着外加场强增加，电泳沉积物的单位面积的质量越大（图 4-4）。且从图中的直线中，在低场强范围内（0~15V/mm），电泳沉积质量基本和外加场强呈线性关系。但是随着场强进一步增大，沉积质量逐渐地偏离线性区域。最主要的原因是越高的场强会引起更加剧烈的团聚、粒子沉降等现象，进而导致有效沉积速率变慢。

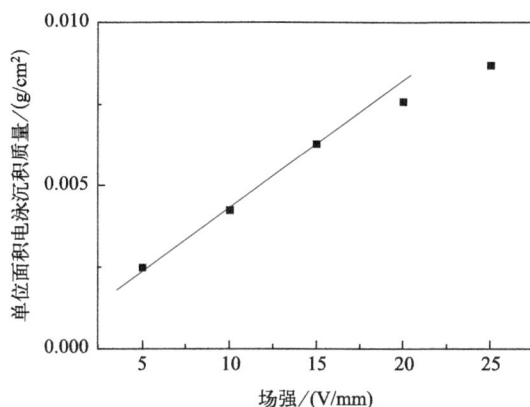

图 4-4 纳米粒子浓度为 1g/L 下外加场强与二元 Al/Ni 含能涂层单位面积电泳沉积质量的关系

4.5 含能涂层微观结构分析

一般来说，采用微观光学显微镜或电子显微镜进行分析含能涂层微观结构。尽管材料为金属组分，但是 Al 的表面会不可避免地氧化，因此电子显微成像分析之前需要对样品表面进行喷金或喷铂处理。实验中发现，通过电泳沉积技术得到的二元 Al/Ni 含能涂层表面相对光滑，混合均匀性高 [图 4-5(a)]。观察到 Ni 颗粒随机分散在 Al 矩阵中，没有产生局部未混合区域 [图 4-5(b)]。同时，得到的涂层的横截面显微组织如图 4.5(c) 所示。通过对比截面的局部放大图 [图 4.5(d)]，可以发现不管从正视图，还是截面图，颗粒间的分布都较为均匀，并且均存在微小裂缝。这些结构的优越性有两大好处，即为提高颗粒之间的接触面积进而提高传热性能，以及提升热流输送效率进而提高放热能力。进一步验证了电泳沉积技术的可行性和优良的成膜优势。

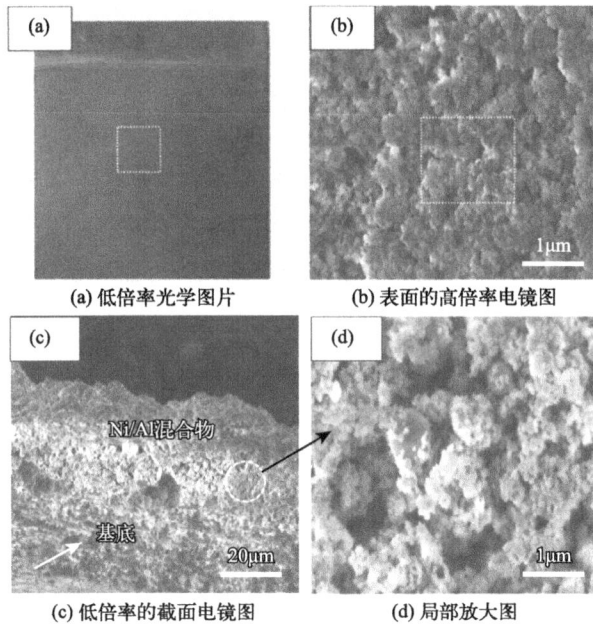

(a) 低倍率光学图片   (b) 表面的高倍率电镜图

(c) 低倍率的截面电镜图   (d) 局部放大图

图 4-5　二元 Al/Ni 含能涂层的不同倍数的图片

4.6　含能涂层性能分析

　　一般来说，研究含能涂层的性能主要通过 DSC 技术和电阻丝点火或激光点火两类点火方式进行研究。实验中采用 DSC 对二元 Al/Ni 含能涂层进行放热曲线处理，通过拟合得到的放热量约为 $300J/g$，比理论值小 10% 左右。主要原因包括纳米颗粒不可避免的团聚造成的死区，纳米金属颗粒不可避免的表面氧化等。本实验采用电阻丝点火方式对含能涂层进行火焰信号研究。点火电流控制在 10A。连通电路后，二元 Al/Ni 含能涂层被迅速点燃，然后发生爆燃现象，伴随明亮的火焰，验证其不错的爆燃行为和放热能力（图 4-6）。

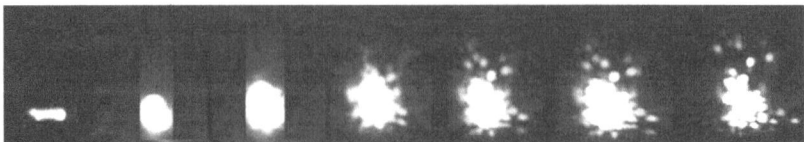

图 4-6　电泳沉积工艺制备的二元 Al/Ni 含能涂层的典型
火焰传播研究的静态图（两图时间间隔为 0.33ms）

4.7　本章小结

　　本章主要是通过悬浮液的优化等工艺设计实现了二元 Al/Ni 含能涂层的电泳沉积设计，介绍了筛选最优的稳定悬浮液的方法，通过不同类型的动力学行为的研究验证了电泳沉积的可控性。从微观结构验证了产物的结构优越性以及电泳沉积技术的可行性。此外，二元 Al/Ni 含能涂层同时拥有优良的热力学性能和燃烧性能。结果本研究为不同的单质型二元含能体系的设计及性能研究提供了新的思路和有价值的参考。

第 **5** 章

单质/非单质型二元含能
材料电泳成膜实验研究

5.1 引言

单质/非单质型二元含能材料中的单质主要包括金属，如 Al、Mg 等，以及非金属如硼等，非单质主要包括 CuO、Fe_2O_3、MnO_2、$KMnO_4$、$KClO_4$、聚四氟乙烯（polytetrafluoroethylene，PTFE）、$CuBi_2O_4$、CuNCN 等。表 5-1 为常见的一些 Al/氧化物型二元含能材料及相关参数；表 5-2 为常见的一些 Mg/氧化物型二元含能材料及相关参数；表 5-3 为常见的一些其他单质/氧化物型二元含能材料及相关参数。此类材料是一类体系庞大、应用范围广泛的含能材料，主要通过金属（还原剂燃料）与氧化物之间的剧烈氧化还原反应进行能量的释放。

表 5-1 常见的一些 Al/氧化物型二元含能材料及相关参数

反应物	反应方程式	$-Q_C/(cal/g)$	$-Q/(J/g)$
Al/B_2O_3	$2Al+B_2O_3=2B+Al_2O_3$	780.7	3263.33
Al/Fe_2O_3	$2Al+Fe_2O_3=2Fe+Al_2O_3$	945.4	3951.77
Al/Bi_2O_3	$2Al+Bi_2O_3=2Bi+Al_2O_3$	506.1	2115.50
Al/Fe_3O_4	$8Al+Fe_3O_4=9Fe+4Al_2O_3$	878.8	3673.38
Al/Co_3O_4	$8Al+Fe_3O_4=9Fe+4Al_2O_3$	1012	4230.16
Al/I_2O_5	$10Al+3I_2O_5=6I+5Al_2O_3$	1486	6211.48
Al/MnO_2	$4Al+3MnO_2=3Mn+2Al_2O_3$	1159	4844.62
Al/V_2O_5	$10Al+3V_2O_5=6V+5Al_2O_3$	1092	4564.56
Al/Cr_2O_3	$2Al+Cr_2O_3=2Cr+Al_2O_3$	622	2599.96
Al/Bi_2O_3	$2Al+Bi_2O_3=2Bi+Al_2O_3$	506.1	2115.50
Al/MoO_3	$2Al+MoO_3=Mo+Al_2O_3$	1124	4698.32
Al/CuO	$2Al+3CuO=3Cu+Al_2O_3$	974.1	4071.74
Al/WO_3	$2Al+WO_3=W+Al_2O_3$	696.4	2910.95
Al/NiO	$2Al+3NiO=3Ni+Al_2O_3$	822	3435.96
Al/HgO	$2Al+3HgO=3Cu+Hg_2O_3$	476.6	1992.19
Al/PbO_2	$4Al+3PbO_2=3Pb+2Al_2O_3$	731.9	3059.34
Al/SiO_2	$4Al+3SiO_2=3Si+2Al_2O_3$	513.3	2145.59

注：$-Q_C$ 和 Q 为各个体系的反应热。

表 5-2　常见的一些 Mg/氧化物型二元含能材料及相关参数

反应物	反应方程式	$-Q_C/(cal/g)$	$-Q/(J/g)$
Mg/B_2O_3	$3Mg+B_2O_3=2B+3MgO$	2134	8920.12
Mg/Fe_2O_3	$3Mg+Fe_2O_3=2Fe+3MgO$	1110	4639.80
Mg/Fe_3O_4	$4Mg+Fe_3O_4=3Fe+4MgO$	1033	4317.94
Mg/MnO_2	$2Mg+MnO_2=2Mn+2MgO$	1322	5525.96
Mg/Pb_3O_4	$4Mg+Pb_3O_4=3Pb+4MgO$	556	2324.08
Mg/Cr_2O_3	$3Mg+Cr_2O_3=2Cr+3MgO$	813.1	3398.76
Mg/SiO_2	$2Mg+SiO_2=Si+2MgO$	789.6	3300.53
Mg/CuO	$Mg+CuO=Cu+MgO$	1102	4606.36

注：$-Q_C$ 和 Q 为各个体系的反应热。

表 5-3　常见的一些其他单质/氧化物型二元含能材料及相关参数

反应物	反应方程式	$-Q_C/(cal/g)$	$-Q/(J/g)$
B/Cr_2O_3	$2B+Cr_2O_3=B_2O_3+2Cr$	182.0	762.58
B/CuO	$2B+3CuO=3Cu+B_2O_3$	1221	5115.99
B/Fe_2O_3	$3B+Fe_2O_3=2Fe+3BO$	1281	5367.39
Be/B_2O_3	$3Be+B_2O_3=2B+3BeO$	1639	6867.41
Be/Cr_2O_3	$3Be+Cr_2O_3=2Cr+3BeO$	915.0	3833.85
Be/CuO	$Be+CuO=Cu+BeO$	1221	5115.99
Be/Fe_2O_3	$3Be+Fe_2O_3=2Fe+3BeO$	1281	5367.39
Be/Fe_3O_4	$4Be+Fe_3O_4=3Fe+4BeO$	567.8	2379.08
Be/SiO_2	$2Be+SiO_2=Si+2BeO$	936.0	3921.84
Hf/CuO	$Hf+2CuO=2Cu+HfO_2$	567.6	2378.24
La/AgO	$2La+3AgO=3Ag+La_2O_3$	646.7	2709.67
La/CuO	$2La+3CuO=3Cu+La_2O_3$	606.4	2540.82
La/I_2O_5	$10La+3I_2O_5=3I_2+5La_2O_3$	849.2	3558.15
La/MnO_2	$4La+3MnO_2=3Mn+2La_2O_3$	593.4	2486.35
La/PbO_2	$4La+3PbO_2=3Pb+2La_2O_3$	518.8	2173.77
Li/B_2O_3	$6Li+B_2O_3=2B+3Li_2O$	1293	5417.67

反应物	反应方程式	$-Q_C$/(cal/g)	$-Q$/(J/g)
Li/Cr_2O_3	$6Li+Cr_2O_3=2Cr+3Li_2O$	799.5	3349.91
Li/CuO	$2Li+CuO=Cu+Li_2O$	1125	4713.75
Li/Fe_2O_3	$6Li+Fe_2O_3=2Fe+3Li_2O$	1143	4789.17
Li/Fe_3O_4	$8Li+Fe_3O_4=3Fe+4Li_2O$	1053	4412.07
Li/MnO_2	$4Li+MnO_2=Mn+2Li_2O$	1399	5861.81
Li/MoO_3	$6Li+MoO_3=Mo+3Li_2O$	1342	5622.98
Li/Pb_3O_4	$8Li+Pb_3O_4=3Pb+4Li_2O$	536.7	2248.77
Li/SiO_2	$4Li+SiO_2=Si+2Li_2O$	763.9	3200.74
Li/WO_3	$6Li+WO_3=W+3Li_2O$	825.4	3458.43
Ta/I_2O_5	$2Ta+I_2O_5=I_2+Ta_2O_5$	648.6	2717.63
Y/Fe_3O_4	$8Y+3Fe_3O_4=9Fe+4Y_2O_3$	856.3	3587.90
Y/I_2O_5	$10Y+3I_2O_5=3I_2+5Y_2O_3$	1144	4793.36
Y/MnO_2	$4Y+3MnO_2=3Mn+2Y_2O_3$	1022	4282.18
Y/MoO_3	$2Y+MoO_3=Mo+Y_2O_3$	1005	4210.95
Y/PbO_2	$4Y+3PbO_2=3Pb+2Y_2O_3$	751.0	3146.69
Y/SnO_2	$4Y+3SnO_2=3Sn+2Y_2O_3$	726.1	3042.36
Y/V_2O_5	$10Y+3V_2O_5=6V+5Y_2O_3$	972.5	4074.78
Y/WO_3	$2Y+WO_3=W+Y_2O_3$	732.2	3067.92
Zr/CuO	$Zr+2CuO=2Cu+ZrO_2$	752.9	3154.65
Zr/Fe_2O_3	$3Zr+2Fe_2O_3=4Fe+3ZrO_2$	666.2	2791.38
Zr/Fe_3O_4	$2Zr+Fe_3O_4=3Fe+2ZrO_2$	625.1	2619.17

注：$-Q_C$ 和 $-Q$ 为各个体系的反应热。

本章主要以 Al/氧化物型二元含能材料中的 Al/MoO_3 含能体系为例进行阐述。从设计原理到实验过程分析单质型二元金属/氧化物含能涂层的电泳沉积过程；从沉积时间、电极间距和颗粒浓度等方面探究电泳沉积技术的可控性；并通过 XRD、场发射扫描电子显微镜（FESEM）、DSC 和点火实验系统分析产物的微观结构、表面形貌和爆燃能力。

5.2　实验过程

实验中使用的纳米金属燃料和上文一致为商购获得。氧化剂 MoO_3 的制备技术因需而已。本实验采用常用的水热合成法，通过控制前驱体双氧水和 PEG20000 的含量比以及温度和时间获得。然后，调控金属燃料和氧化剂在最优稳定分散剂（异丙醇＋聚乙烯亚胺＋苯甲酸）中的比例进行电泳沉积。充分考虑不同的电泳沉积因素的影响，进而控制不同的电泳沉积时间、电极间距和颗粒浓度等得到不同组分含量比例的二元金属/氧化物含能薄膜材料。

5.3　电泳沉积动力学行为

为了验证电泳沉积技术在设计二元含能材料中的 Al/MoO_3 含能体系的可控性，对优化悬浮液中颗粒的动力学行为进行了详细研究。

5.3.1　场强和沉积时间

图 5-1 所示为在不同电泳沉积时间和不同场强下的 Al/MoO_3 二元含能体系的电泳沉积过程，即在 $6 \sim 12V/mm$ 的外加电场强度下，沉积效率（mg/cm^2）

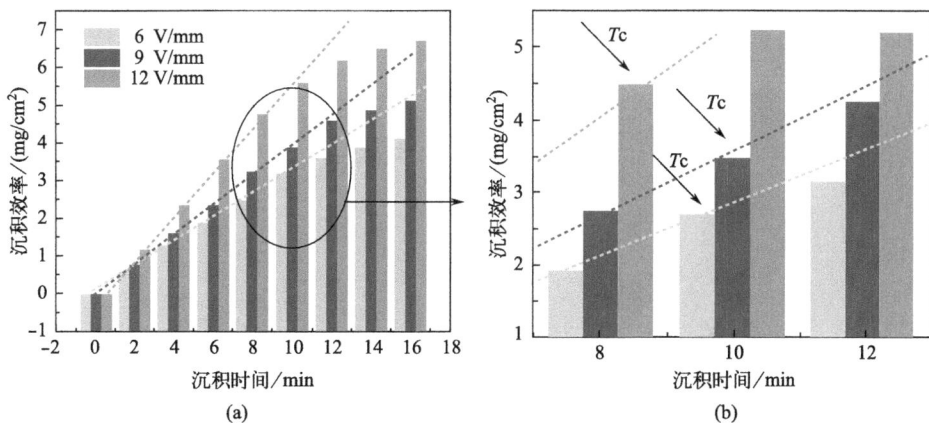

图 5-1　不同外加电场强度下纳米二元含能材料中的 Al/MoO_3

含能体系的沉积效率与沉积时间的关系图（a）

以及对应的黑色圆的局部放大图像（b）

随着沉积时间的变化函数。当电场强度为 6V/mm 时，沉积效率随电泳沉积时间的增加而增加，当电场强度为 9V/mm 或 12V/mm 时，沉积效率也随时间的增加而增加。高场强通常会有对应高沉积效率。例如，当沉积时间为 10min 的时候，较高的场强提供了更高的电泳沉积效率。实验中发现当电场强度为 12V/mm 时候的沉积效率最高。沉积效率随沉积时间从 0 到 Tc［图 5-1 中临界区域（黑圈）线性与非线性电泳沉积控制之间的临界时间］的增加呈线性增加，即为线性控制。沉积效率的增长速率随着沉积时间（$T>Tc$）的继续增加逐步变小，该阶段为非线性电泳沉积控制阶段。此外，我们发现随着高场强下的 Tc 基本会有减小趋势，这主要是由于高场强下纳米粒子的沉淀和碰撞更为严重。

5.3.2 电极间距和颗粒浓度的影响

一般来说，电泳沉积可控性还需要考虑电极间距和颗粒浓度的综合因素的影响。本实验中分析了在不同颗粒浓度下的电极距离对纳米二元含能材料中的 Al/MoO_3 含能体系的沉积效率的影响，结果如图 5-2 所示。当固体负载浓度为 0.5g/L 时，电泳沉积时间为 8min，外加电场强度为 12V 时，沉积效率随着电极距离从 0.4cm 增加到 1.2cm 而逐渐增加。然后，随着电极之间的距离继续增加，沉积效率缓慢下降。这一结果可能是由于电极间距越小，粒子的扰动越剧烈，沉降程度越高所致。电极间距越长，粒子沉降程度越高，电泳沉积效率越低。

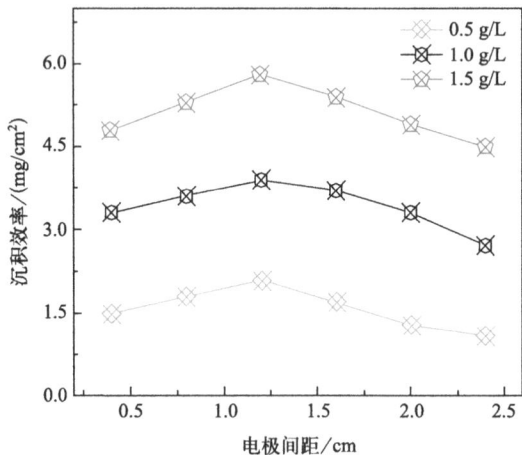

图 5-2 在不同负载浓度下的沉积效率与电极间距的关系

此外，颗粒浓度的变化基本对不同电极间距下的电泳效率不会造成较大影响。但是，高颗粒浓度有利于电泳沉积效率，即随着颗粒浓度的增加，电泳沉积效率随之增加。当时，对于不同的场强下也观察到类似的变化趋势，这为实现不同粒子的可控电泳沉积成膜过程能提供了有价值的参考。

5.4　微观结构

5.4.1　晶体结构

一般来说，晶体结构的分析为先通过 XRD 衍射仪测试得到晶体结构的衍射曲线，然后将测试结果与系统中的标准卡片进行对比分析，确定晶体结构属于哪一类的成分。结晶度较高的材料的 XRD 的衍射峰比较明显和尖锐。本实验中对于纳米二元含能材料中的 Al/MoO_3 含能体系进行了 XRD 衍射测试，得到的结果如图 5-3 所示。可以清楚地看到，两组明显的衍射峰与纯 Al（JCPDS 卡号 04-0787）和 MoO_3（JCPDS 卡号 35-0609）的标准光谱一致，证明了 Al 和 MoO_3 粒子的共存于产物薄膜中。两种组分的主峰 [MoO_3 的（120）和 Al 的（111）] 比较尖锐，说明其对应的物质具有较高的结晶度。此外，经过认真比对，在测试结果中并没有发现 Al_2O_3 和 Mo 峰，说明产品纯度高，且在电泳成膜阶段并没有发生氧化还原反应。

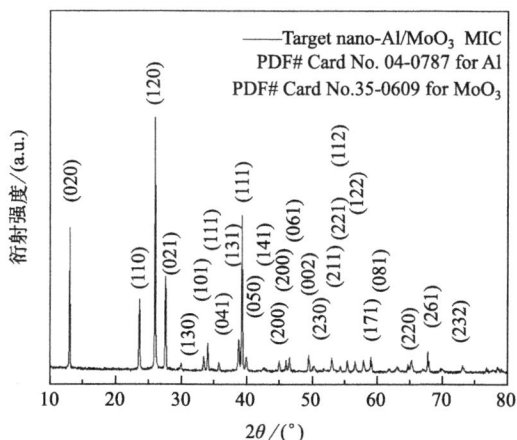

图 5-3　纳米二元含能材料中的 Al/MoO_3 含能体系的典型 XRD 分析结果

5.4.2 微观形貌

本实验分析电泳沉积技术得到的纳米二元含能材料中的 Al/MoO_3 含能薄膜的微观形貌,如图 5-4 所示。在产物表面,低倍率的光学图片中看不到大面积的局部凹陷、波峰和明显的分离区域 [图 5-4(a)],验证了产物涂层的良好均匀性。很明显,在图 5-4(b) 的低倍率的 FESEM 图像中,纳米 Al/MoO_3 含能薄膜的颗粒整体分布均匀。图 5-4(c) 中更高分辨率的 FESEM 图像表明,纳米 Al 颗粒在片状 MoO_3 中是分散或随机分布的,这明显有助于扩大 Al 与 MoO_3 的接触面积,缩短了纳米 Al/MoO_3 含能薄膜在铝热放热反应中的传质长度。此外,颗粒之间存在大量间隙 [图 5-4(b)~(c)],有助于提供大量的放热通道,进一步提高产物的放热效率。

此外,通过 X 射线能谱(EDX)技术对纳米 Al/MoO_3 含能薄膜中的元素组成和元素分布进行了分析,如图 5-4(d) 所示,其中 EDX 光谱表明,在含能薄膜表面存在所有预期的 Al、Mo 和 O 元素,与上文中的 XRD 的晶体结构分析一致。进一步,通过元素组成比例计算得到的三种元素 Al、Mo 和 O 对应的摩尔比约为 2∶1∶3,与参与的反应的物质的量的比接近,进一步验证电泳沉积的可控性。

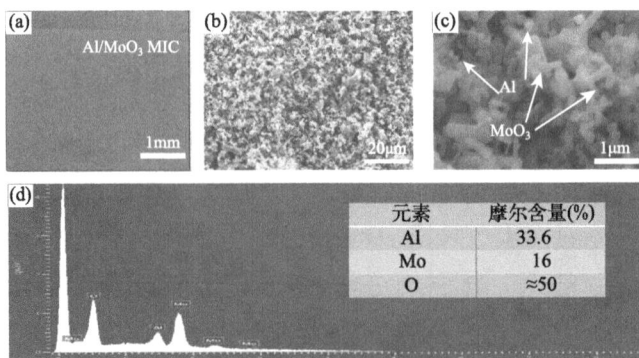

元素	摩尔含量(%)
Al	33.6
Mo	16
O	≈50

图 5-4 采用电泳沉积技术制备的纳米

二元含能材料中的 Al/MoO_3 含能薄膜的光学 (a)

和典型场发射扫描电镜(FESEM)(b 和 c)图像以及

产物的 EDX 能谱分析图 [(d),插入表显示所有元素的摩尔含量]

5.5　性能综合分析

5.5.1　DSC 分析

一般来说，通过 DSC 技术能便捷高效地分析出含能热材料的放热过程。在测试过程中，为了测试的精确性，通常会使用较低的升温速率。在本实验中，纳米二元含能材料中的 Al/MoO_3 含能薄膜的 DSC 放热曲线如图 5-5 所示。使用的升温速率为 10℃/min。在整个放热曲线中，出现了多个放热峰和一个吸热峰。第一个不可观测的放热峰值在 400℃左右，可能是由于 Al 纳米颗粒与更小尺寸的 MoO_3 粒子之间的反应。第一个放热峰（左边矩形区域）主要是由于 Al 和粒径较小的 MoO_3 颗粒的反应，后两个放热峰在 703.4℃和 735.9℃是由 Al 与较大尺寸的 MoO_3 颗粒反应而来。此外，还有一个吸热峰在 660℃左右，由金属铝熔化引起的。通过拟合后的放热能力约为理论值的 70%，说明 Al/MoO_3 含能薄膜的放热反应比较充分。

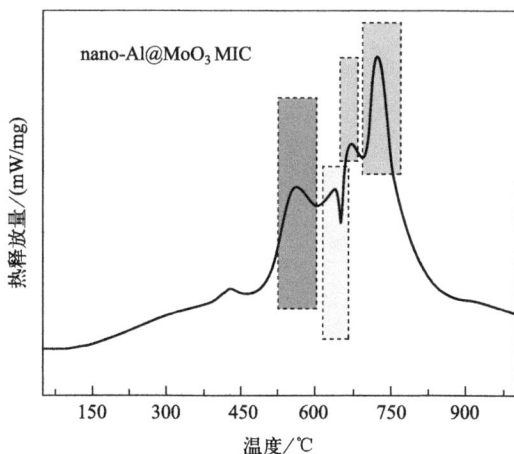

图 5-5　纳米二元含能材料中的 Al/MoO_3 含能薄膜的 DSC 放热曲线

5.5.2　爆燃行为

本实验主要采用电容充放电起爆点火方式对二元微型火工品进行点火研究其

爆燃行为。点火系统一般包含电源、电容器、示波器、微型火工品、控制开关、高速摄像机、导线、电脑等（图 5-6）。当点火电路接通时，高能目标含能器件被迅速引爆由高速摄像机同步拍摄以及电脑记录。

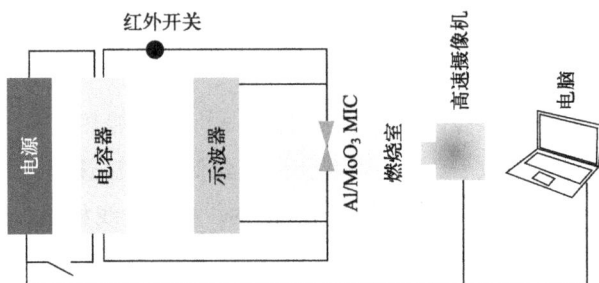

图 5-6 微纳米 Al/MoO₃ 含能微型火工品芯片引发器点火系统

实验中可以观察到快速的一系列耀眼的爆燃图片（图 5-7）。相邻图像之间的间隔时间为 0.1ms。点火过程中有较大的声音，说明爆燃反应非常强烈，能量被迅速释放。此外，可以发现从点火开始到爆燃火焰最大的时间间隔约为 0.1ms，说明能量能在极短的时间被释放，应用前景广阔。

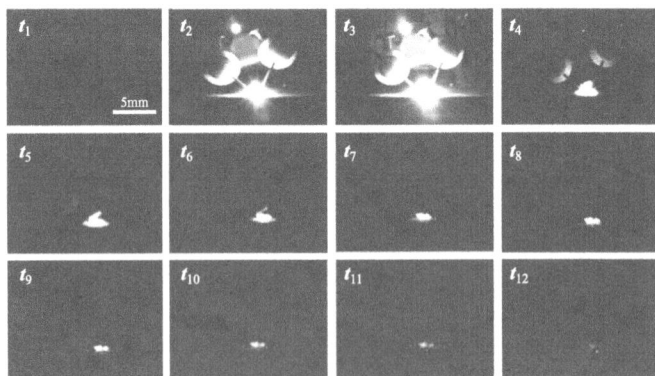

图 5-7 电泳沉积技术制备的二元含能材料中的 Al/MoO₃ 含能体系的典型点火爆燃图

5.6 其他含能体系的设计应用

截至目前，电泳沉积技术已经在一系列的单质/非单质型二元含能体系的成膜设计中被验证有效，如表 5-4 所示。

表 5-4　电泳沉积技术在单质/非单质型二元含能体系成膜中的高效应用

体系	微观结构	成膜技术
Al/Bi$_2$O$_3$	200nm	电泳沉积技术＋表面改性后处理
Al/Fe$_2$O$_3$		电泳沉积技术
Al/Cr$_2$O$_3$	40μm	电泳沉积技术
Al/WO$_3$	200nm	电泳沉积技术＋表面改性后处理
Al/NiO	NiO Al 100nm	电泳沉积技术＋表面改性后处理
Al/Co$_3$O$_4$	20μm	电泳沉积技术＋表面改性后处理
Al/ZnO	Al Al ZnO 500nm	电泳沉积技术＋表面改性后处理
Al/CuO	300nm	电泳沉积技术＋表面改性后处理

体系	微观结构	成膜技术
Al/CuNCN	200nm	电泳沉积技术
Al/CuBi$_2$O$_4$	1μm	电泳沉积技术

5.7 本章小结

单质/氧化物（RXOY）型二元含能材料是一种重要的含能材料。本章主要以二元含能材料中的 Al/MoO$_3$ 含能体系为例，通过优化电泳沉积工艺设计实现了的成膜设计，主要得到以下结论。

（1）电泳沉积效率受到电泳沉积时间、颗粒浓度、电极间距和场强大小等综合的影响。最佳的分散剂为异丙醇、聚乙烯亚胺（PEI）和苯甲酸的混合物。

（2）二元含能材料中的 Al/MoO$_3$ 含能薄膜纯度高，晶体结构结晶度高；微观颗粒分布均匀，具有突出的结构优越性。

（3）70%的理论放热能力通过 DSC 放热曲线拟合对比分析验证。此外，本章选用的含能体系与微火工品点火桥结合表现出剧烈的爆燃行为。

第 **6** 章

多元含能材料电泳
成膜实验研究

6.1 概述

在第 4 章和第 5 章介绍的单质型或单质/氧化物型二元含能材料之外，多元含能材料因其组分的复杂多样性致使性能多变，在多学科交叉、多领域中应用前景广阔。多元含能材料包括金属 M/金属 M/氧化物(R_XO_Y) 型、非金属 N-M/金属 M/氧化物(R_XO_Y) 型、非金属 N-M/金属 M/化合物型、金属 M/金属 M/化合物型、金属 M/金属 M/氧化物(R_XO_Y) /化合物型、非金属 N-M/金属 M/氧化物(R_XO_Y) /化合物型等。例如，Clark 团队在 Al/Ag_2O 体系中加入一定量的 I_2O_5 或者 Fe_2O_3 能通过提高放热量来汽化 Ag，用于攻克抑制细菌增长的难题，在解决生化武器的遗留问题方面有着重大的研究意义。Y. J. Wang 团队为了提高传统铝热剂的综合性能，通过电泳沉积技术设计了 $Al/B/Fe_2O_3$ 复合铝热剂，发现目标涂层分布均匀，连接紧密。与传统的通过物理混合制备得到样品相比，电泳含能薄膜具有更低的反应起始温度(524.9℃)，更高的放热强度释放(1240.9J/g)，更好的反应活性 (E_a=168.3kJ/mol)，进一步验证了 B 的掺杂对复合含能薄膜性能增强的重要性。此外，Y. J. Yin 团队设计了兼具有机和无机属性的 PTFE/Al/CuO 复合含能体系。提出可以用石胆酸对 PTFE 进行表面活改性。实验发现 PTFE/Al/CuO 的燃烧过程和能量释放规律比 Al/CuO 要好得多。主要的原因是 PTFE/Al/CuO 杂化体系中的 PTFE 的氧化性加速了 Al 与 CuO 之间的氧化还原反应。值得强调的是，制备的 PTFE/Al/CuO 薄膜也被用作点火材料来点燃 B/KNO_3 爆炸成功，表明在微点火器中作为点火材料的巨大潜力。

本章主要研究金属 M/金属 M/氧化物 (R_XO_Y) 型多元含能材料，以 Al/Ni/Bi_2O_3 三元含能体系为例，深入探究其多元组分的电泳沉积行为，分析其产物微观结构及均匀性，以及放热性能的优越性。

6.2 实验设计

6.2.1 实验预处理

本实验的预处理主要是电极材料前期处理。主要的过程包括用不同目数的砂纸打磨电极，超声清洗，真空干燥，自然冷却等。最后，对电极材料进行部分绝缘处理，保证在电泳液中的工作面积和对电极的工作面积一致。

6.2.2 电泳成膜过程

悬浮液的确定对于多元组分的电泳成膜非常重要和关键。对于 $Al/Ni/Bi_2O_3$ 三元含能体系，基于 Zeta 电位法、经验法等方法，本实验选用异丙醇和聚乙烯亚胺的混合物为最优分散剂，其中聚乙烯亚胺作为表面改性剂在分散液中的体积含量控制在 1% 左右。称取一定比例的纳米 Al、Ni 和 Bi_2O_3 粒子混合物分散于上述分散液进行超声处理，得到稳定悬浮液，其中超声功率为 200W，超声处理时间 20min。然后，连通电源，调控电压或场强，进行电泳沉积。电极间距为1cm。沉积结束得到的样品快速移至真空干燥箱中干燥，后自然降温。最后完成了 $Al/Ni/Bi_2O_3$ 三元复合含能材料的电泳成膜过程。

6.3 电泳沉积动力学行为

6.3.1 单组分电泳沉积动力学

在研究 $Al/Ni/Bi_2O_3$ 三元含能体系的电泳沉积动力学行为之前，需要分别考虑单组分的电泳沉积动力学行为，为复杂多元电泳沉积的可控性提供基本保障。

① 对 Al 而言，需要强调的是，不同的悬浮液体系中的电泳沉积动力行为会有不同（可与上文进行对比）。实验中发现，在 0~8min 内，Al 纳米粒子的沉积量与沉积时间呈拟合度较高的线性关系，即在较短的电泳沉积时间内，纳米粒子的沉积过程呈线性控制（图 6-1），其线性关系方程式为：

$$W(T) = 0.8457T \, (0 < T \leqslant T_m; T_m = 8\text{min}), R^2 = 0.9938 \qquad (6-1)$$

其中，$W(T)$ 和 T 分别为纳米 Al 粉单位面积的电泳沉积量和沉积时间，下同。在线性沉积阶段，纳米粒子的沉积速率基本恒定。随着电泳沉积时间的继续增加，铝纳米粒子的沉积速率逐渐减小，单位面积的电泳沉积质量和电泳沉积时间呈非线性关系，经过拟合可以得到如下关系式：

$$W(T) = 2.0323T^{0.5} + 1.2243 \, (T > T_m; T_m = 8\text{min}), R^2 = 0.9900 \qquad (6-2)$$

此阶段即为非线性控制阶段。电泳沉积时间继续增加，悬浮液中的颗粒浓度逐渐减小，不能提供稳定的粒子源，再加上沉积过程中两电极的电极材料电阻，薄膜间电阻等的变化综合导致电泳沉积速率逐渐减小。

② 对纳米 Bi_2O_3 而言，电泳沉积过程较为类似。在 $0\sim10min$ 内，电泳沉积过程呈线性控制且高度拟合（图 6-1），对应的拟合关系式如下：

$$W(T)=0.8136T(0<T\leqslant T_m;T_m=10min),R^2=0.9902 \quad (6-3)$$

当电泳沉积时间超过 10min 且继续增加，纳米 Bi_2O_3 粒子的单位面积的电泳沉积质量在相同的时间间隔内逐渐减小，此时纳米粒子的沉积速率类似地缓慢下降。因此，后期的电泳沉积过程为非线性控制过程，对应的拟合函数表达式为：

$$W(T)=2.2052T^{0.5}+1.121(T>T_m;T_m=10min),R^2=0.9912 \quad (6-4)$$

③ 对纳米 Ni 而言，电泳沉积过程从图中（图 6-1）结果可以发现，纳米 Ni 粒子的电泳沉积量在 6min 之前大体上与时间呈线性关系：在 $0\sim6min$ 内，纳米 Ni 粒子的电泳组装过程为线性控制，且线性关系好，相关表达式为：

$$W(T)=0.821T(0<T\leqslant T_m;T_m=6min),R^2=0.9930 \quad (6-5)$$

通过较高的拟合度表明在电泳时间为 6min 之前，Ni 纳米粒子的电泳过程为线性控制过程，在这一过程中 Ni 纳米粒子的电泳组装的速率基本不变。随着单位面积的 Ni 的沉积量随着电泳时间增加而增加。但是纳米 Ni 粒子的沉积量和电泳时间逐渐偏离了线性关系区域。经过拟合，发现实验数据与下公式拟合度较好，拟合公式如下：

$$W(T)=2.379T^{0.5}-1.156(T>T_m;T_m=6min),R^2=0.9921 \quad (6-6)$$

由公式 6-6 可以看出，6min 以后，Ni 纳米粒子的沉积量与电泳时间的 0.5

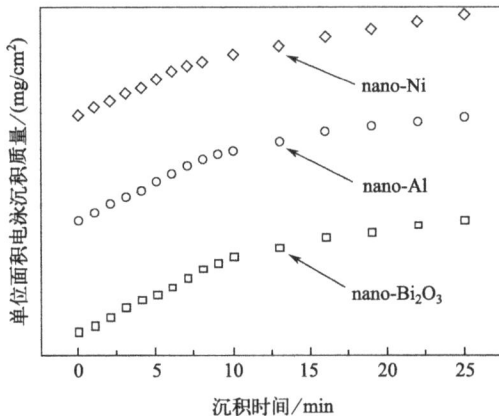

图 6-1　纳米 Al，Ni 和 Bi_2O_3 粒子的单位面积电泳沉积质量与沉积时间的关系图

次方呈线性关系。此时，Ni 纳米粒子的电泳组装过程即为非线性控制的，和上文对 Al 和 Bi_2O_3 纳米粒子的电泳沉积动力学行为比较相似。

6.3.2　Al/Ni/Bi$_2$O$_3$ 三元含能体系的电泳沉积动力学

对多元组分的含能体系薄膜材料而言，各组分的比例对其性能的影响更为关键。本实验中的三元组分为纳米 Ni、Al 和 Bi_2O_3 粒子。在研究产物的组分比之前需要确定悬浮液中的质量比，这是关键一步，对于优化性能非常关键。对于动力学的研究而言，我们可以先假设三者的质量比为：$m:p:q$。通过实验获取纳米 Al/Ni/Bi$_2$O$_3$ 三元含能薄膜的电泳沉积质量随着沉积时间的变化规律（图 6-2）。从图中可以看出，随着电泳沉积时间增加，薄膜的总质量也增加，但是过程较为复杂，具体分析如下。

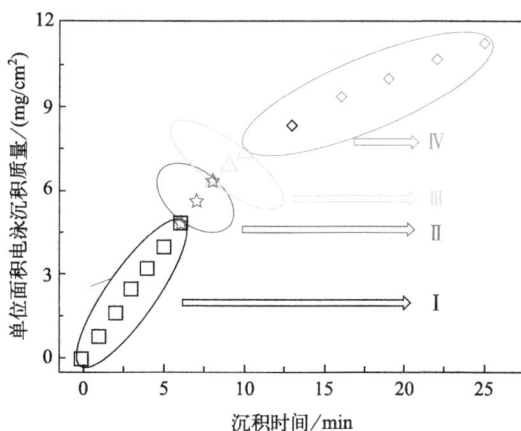

图 6-2　纳米 Al/Ni/Bi$_2$O$_3$ 三元含能薄膜的电泳沉积质量与沉积时间的关系图

整体而言，纳米 Al/Ni/Bi$_2$O$_3$ 三元复合含能薄膜的电泳沉积行为分成四段或区域。

（1）区域Ⅰ　电泳沉积前 6min 内，目标三元含能薄膜中的 Ni、Al 和 Bi_2O_3 纳米粒子的质量比可以表示为：

$$R=8.21m:8.46p:8.24q(0<T\leqslant 6min) \tag{6-7}$$

由于前 6min，三种纳米粒子的电泳组合过程均为线性控制。因此，在 6min 之内的电泳速率相对各自保持基本恒定。

（2）区域Ⅱ　电泳沉积在 6～8min 范围内，此时纳米 Ni 粒子的电泳动力学为非线性控制，然而对于 Al 和 Bi_2O_3 纳米粒子而言，两者的动力学为线性控制。

此时三者的质量比为可以表示为：

$$R = (2.379T^{0.5} - 1.156)m : 8.46p : 8.24q \quad (6 < T \leqslant 8\text{min}) \qquad (6-8)$$

（3）区域Ⅲ 随着电泳时间进一步增加，当电泳沉积时间在 8～10min 之间，纳米 Al 和 Ni 粒子二者的电泳动力学为非线性控制，只有 Bi_2O_3 纳米粒子的动力学为线性控制。此时，三者的质量比为：

$$R = (2.379T^{0.5} - 1.156)m : (2.032T^{0.5} + 1.224)p : 8.24q \quad (8 < T \leqslant 10\text{min}) \quad (6-9)$$

（4）区域Ⅳ 当电泳时间超过 10min，三种纳米粒子的电泳组装动力学都为非线性控制。此时纳米 Al/Ni/Bi_2O_3 复合含能薄膜中 Ni、Al 和 Bi_2O_3 纳米粒子的质量比为：

$$R = (2.379T^{0.5} - 1.156)m : (2.032T^{0.5} + 1.224)p : (2.205T^{0.5} + 1.121)q \qquad (6-10)$$

因此，通过改变三种纳米粒子在悬浮液中的质量比可以有效通过调控各自的电泳沉积动力学行为来优化产物中三者的质量比（即反应摩尔比），进而改善产物的热量输出的强弱。

6.3.3 场强因素

影响多元含能体系的电泳沉积动力学的因素有很多。这里只列出场强对电泳沉积的效果影响规律分析，其他的因素分析方法类似，这里不做赘述。值得一提的是，为了速率精确可控，以及动力学研究便捷，此处电泳沉积时间定为 6min。实验中发现，外加场强在低于 10V/mm 下，单位面积的沉积质量基本呈线性增加。当场强增加大于 10V/mm 时，沉积质量仍继续增加，但是增速逐步变慢，如图 6-3 所示。因此，该体系的最佳可控的最大场强为 10V/mm。

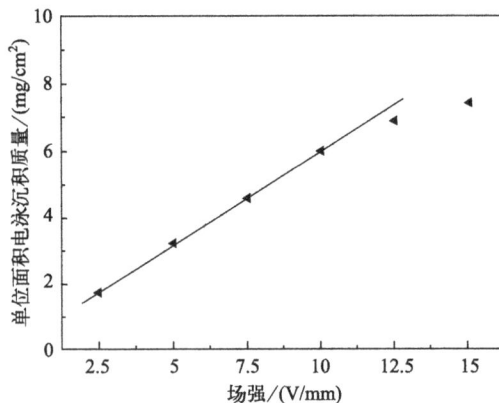

图 6-3 外加场强对纳米 Al/Ni/Bi_2O_3 三元复合含能薄膜的电泳沉积质量的影响关系

6.4　形貌结构分析

为了更为直观地对比三元纳米 $Al/Ni/Bi_2O_3$ 三元复合含能薄膜与单组分的结构的不同，可以通过宏观图片进行对比。表 6-1 为单组分（Al 或 Ni 或 Bi_2O_3）和纳米 $Al/Ni/Bi_2O_3$ 三元复合含能薄膜的光学图片。可以看出，纳米 Al 膜的颜色为灰色，纳米 Ni 膜的颜色为灰黑色，纳米 Bi_2O_3 膜的颜色为黄色。纳米 $Al/Ni/Bi_2O_3$ 三元复合含能薄膜的颜色为三种颜色的综合色——灰黄色，介于三者之间。

表 6-1　单组分和纳米 $Al/Ni/Bi_2O_3$ 三元复合含能薄膜的光学图片对比

不同薄膜类型	光学图片	特点及颜色
单组分 Al 薄膜		均匀,灰色
单组分 Ni 薄膜		均匀,灰黑色
单组分 Bi_2O_3 薄膜		均匀,黄色
$Al/Ni/Bi_2O_3$ 三元含能薄膜		均匀,灰黄色

FESEM 和 EDX 技术是研究多元涂层的微观结构和元素分布的常用技术。本

实验中，从低倍率的 FESEM 图（图 6-4）可以看出纳米 $Al/Ni/Bi_2O_3$ 三元复合含能薄膜分布均匀性较好，没有明显的团聚区域。从高倍率的 FESEM 图（图 6-5）可以看出，三种纳米粒子的电泳组装以后的微观结构呈类网状结构，呈均匀的纳米级别分散分布。换句话说，三元 $Al/Ni/Bi_2O_3$ 复合含能薄膜为纳米级。这种优越的类网状纳米结构的优势主要包括反应传质间距缩短，反应接触面积增大，反应放热效率提升等。此外，通过改性前的样品能谱图可以看出，属于纳米 Al、Ni 和 Bi_2O_3 粒子的四种元素随机分布，相对均匀，没有较大块的堆积现象。此外，EDX 谱图中对应的四种元素的峰都清晰可见且尖锐。因此，可以证明采用电泳沉积法得到的纳米 $Al/Ni/Bi_2O_3$ 三元复合含能薄膜包含三种关键组分且分散性较好。

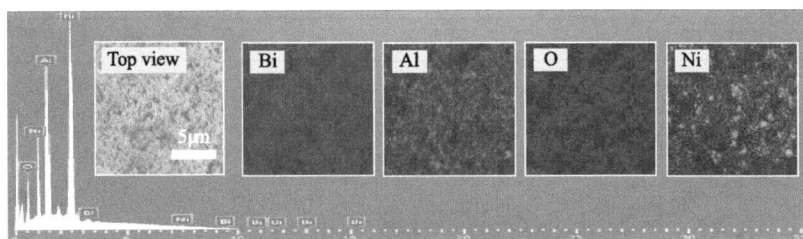

图 6-4　纳米 $Al/Ni/Bi_2O_3$ 三元复合含能薄膜的微观元素分布图

图 6-5　纳米 $Al/Ni/Bi_2O_3$ 三元复合含能薄膜的微观电镜图

6.5　性能分析

影响多元含能体系的性能分析的因素有很多，研究方法类似，这里不再赘述。本小节从不同的颗粒尺寸角度入手进行性能分析。以 Al 纳米颗粒粒径为变量进行研究，实验中发现，放热量随着纳米 Al 直径的增加是先增加后减小。当 Al 纳米颗粒的直径为 50nm 处的放热量达到最大值（＞2100J/g）。原因比较复杂，主要与颗粒间的接触面积，纳米金属表面的氧化层比例含量等有关。此外，对比发现产物的三元组分（Al：Ni：Bi_2O_3）的摩尔比为 3：1：1 的时候放热能力最强。当然产物的组分含量比能通过电泳沉积动力学控制。

在上文的研究基础上，将性能最佳的产物命名为 $Al_{3.0}Ni_{1.0}(Bi_2O_3)_{1.0}$。本实验采用横向比较法，发现在三元含能体系的放热能力相较于二元产物要更强：$Al_{3.0}Ni_{1.0}(Bi_2O_3)_{1.0} > Al/Bi_2O_3 > Al/Ni$。原因的分析一般可以从以下角度去分析：①Ni 的加入可能在一定程度上提升了三元体系的放热温度；②Bi_2O_3 的存在能使反应中产生 Bi 蒸气，促进热能的释放；③前两种因素的协同效应。

6.6　本章小结

本章总结了三元复合含能体系的电泳沉积成膜技术和分析方法，主要的结论包括以下三点。

（1）纳米 $Al/Ni/Bi_2O_3$ 三元复合含能薄膜的电泳动力学相较于第 4 章和第 5 章中分析的二元含能体系的电泳行为更为复杂。但是，整体电泳沉积过程依然包括线性控制和非线性控制阶段。非线性控制区域在不同的电泳沉积时间区间中可以分为 3 个。多元组分的复合含能体系的电泳沉积动力学的研究为产物的组分可控提供了理论基础。

（2）从宏观和微观两个角度验证了产物的均匀性和纳米结构优越性。

（3）从粒径尺寸和新组分的加入与二元组分的含能样品的放热量等多个新的角度分析纳米 $Al/Ni/Bi_2O_3$ 三元复合含能体系的放热性能。

第 7 章

电泳沉积+技术设计
含能材料

7.1 引言

随着科学技术的突飞猛进，基于单一的电泳沉积技术设计的含能材料在越来越多的场景中并没有较多的优势。因此，电泳沉积＋技术慢慢走入公众的视野。电泳沉积＋技术为电泳沉积技术和其他技术结合的一类新颖技术。本章主要介绍三种电泳沉积＋技术来设计不同的新型含能体系。具体而言，即为①电泳沉积技术＋气泡模板法来设计 3D 多孔 Al/Ni 含能体系；②电泳沉积技术＋氟化物表面改性法来设计自保护型 Al/MoO_3 含能体系；③电泳沉积技术＋Ag 基表面改性法＋电热激发法设计性能智能可控的 Al/MnO_2 含能体系。此外，依次分析其对应的研究方法和优越性能分析。

7.2 电泳沉积技术+气泡模板法

7.2.1 方法概述

电泳沉积技术＋气泡模板法是电泳沉积＋技术中比较典型的一种，可以通过该技术设计出多种多孔含能体系。电泳沉积技术在前文已经多次介绍，不做赘述。气泡模板法是一种广泛应用于制备多孔金属、碳材料和氧化物等的简便的化学合成技术，它主要利用气泡作为模板，通过以下步骤实现。

① 气泡生成　在溶液中引入气体，如空气或二氧化碳，形成气泡。

② 气泡稳定　添加表面活性剂以防止气泡合并或破裂，确保其作为模板的稳定性。

③ 前驱体沉积　将含有所需材料的前驱体溶液加入，如金属盐或有机分子，使其在气泡表面沉积。

④ 材料形成　在特定条件下，前驱体在气泡表面形成薄膜。

⑤ 模板移除　改变条件，如温度或压力，使气泡破裂或溶解，留下多孔结构。

⑥ 后处理　对多孔材料进行清洗、干燥和热处理，去除残留模板和杂质。

此方法的优势在于操作简便、成本低廉、环境友好，并且能够通过调整气泡大小来控制孔径和孔隙率。

7.2.2　3D 多孔 Al/Ni 含能体系设计

7.2.2.1　设计过程

采用电泳沉积技术＋气泡模板法来设计 3D 多孔 Al/Ni 含能体系，主要包括以下几步骤。

（1）基材的选择和前处理　采用不同目数的砂纸将 Ni 电极材料打磨光亮，然后依次放入于碳酸钠、硫酸钠、氢氧化钠中进行除油，简单酸洗，最后分别在乙醇和双纯水中进行超声处理，保存在真空箱中待用。

（2）本实验采用氢气模板法，获得高比表面积 3D 多孔 Ni 基底（图 7-1）。实验控制条件有前驱体的浓度和组分、电流大小、电极间距、电解液温度、沉积时间等。本实验的详细条件列于表 7-1 中。

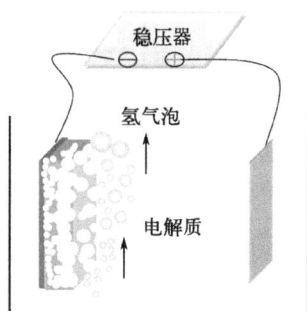

图 7-1　3D 多孔 Ni 膜的制备原理图

表 7-1　3D 多孔 Ni 薄膜的制备条件参数

不同条件	数值	单位
硫酸镍浓度	0.2	mol/L
氯化铵浓度	1.5	mol/100mL
硫酸浓度	0.9	mol/L
硼酸浓度	1.5	mmol/L
聚乙二醇 10000 浓度	0.03	mmol/L
1,4-丁炔二醇浓度	1.2	mmol/L
电流	4.0	A/cm^2

不同条件	数值	单位
电极间距	1.0	cm
温度	298	K
沉积时间	2.5	s

(3) 以 3D 多孔 Ni 基底为工作电极进行 Al 纳米颗粒的电泳组装。Al 的电泳成膜可以参照上文的表述，制备工艺简图如图 7-2 所示。依次经过悬浮液的配置、电泳沉积、干燥、冷却等步最终得到 3D 多孔 Al/Ni 含能体系。

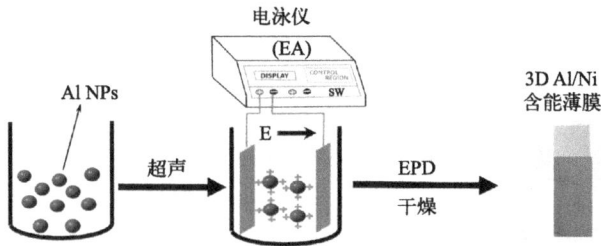

图 7-2　3D 多孔 Al/Ni 含能薄膜的制备工艺图

7.2.2.2　电泳沉积动力学

本小节的电泳沉积动力学的研究较为简单，只研究纳米铝颗粒的电泳沉积行为。实验中，由于多孔 Ni 基底的沉积时间较短。因此，本实验的电泳时间也比较短。从图 7-3(a) 可以清晰地看出，当外加电场固定，随着时间的增加，沉积物的质量呈线性增加，且有着较好的拟合度（$R^2 > 0.9$）。因此，通常情况下在较短的电泳时间内，电泳沉积行为基本是线性控制的。这里的纳米铝粉的电泳动力学行为符合纳米粒子的电泳沉积行为规律。

外加电场是另外一个电泳沉积行为的重要因素。实验中，我们发现随着外加电场的增加从 5V/mm 到 20V/mm，在同一电泳时间下电泳沉积质量逐渐增加，该规律可以从图 7-3(b) 看出。进一步对比发现，随着场强的增加，沉积质量逐步增加。从 0 到 10V/mm，沉积物的质量随着场强线性增加，但是随着场强的继续增加，沉积质量逐渐偏离线性区域。换句话说，随着场强的增加，相同场强增量下的电泳沉积量的差值 $[H, \mathrm{mg/(min \cdot cm^2)}]$ 依次减小即

$$H_1 > H_2 > H_3 > H_4 > H_5 \tag{7-1}$$

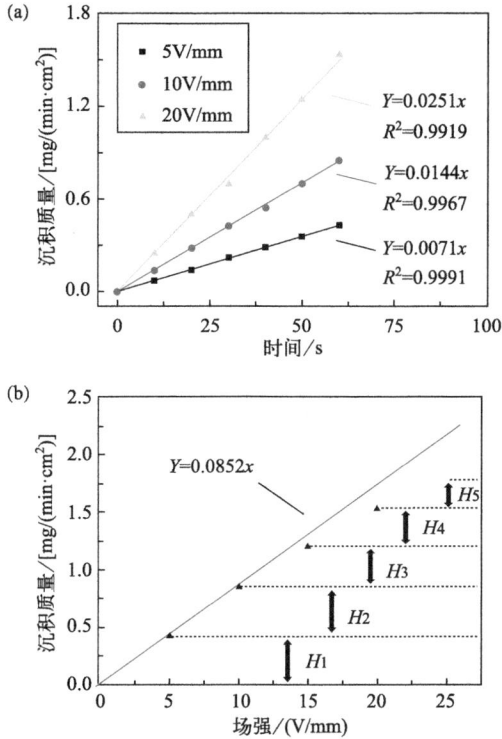

图 7-3 　电泳沉积质量和电泳时间 (a) 及外加场强 (b) 的关系图

其中 H_1、H_2、H_3、H_4 和 H_5 分别为从 0 到 5V/mm，5V/mm 到 10V/mm，10V/mm 到 15V/mm，15V/mm 到 20V/mm，20V/mm 到 25V/mm 电泳沉积的质量差。造成上述变化规律的主要原因是随着逐渐增加的场强，会加大纳米粒子的团聚、沉降程度和加剧纳米粒子之间的碰撞。因此虽然较大的场强能加快沉积过程，但是对于较好的定量控制涂层而言，场强的选择并不是越大越好。

7.2.2.3 　微观形貌分析

本实验采用 FESEM 技术进行分析样品的微观形貌。从图 7-4(a) 中可以看出，多孔镍为大孔结构，孔壁也有丰富的孔隙，拥有较大的比表面积，为 Al 纳米粒子的附着沉积提供了富裕的位置。经过电泳沉积后，多孔镍薄膜的孔壁粗糙结构已经完全被纳米 Al 粉覆盖，见图 7-4(b) 和 图 7-4(c)。仔细观察发现，电泳沉积的纳米 Al 粉比较均匀且为纳米级 [图 7-4(d)]。因此，从图 7-4 中可以看出多孔 Al/Ni 含能复合薄膜的多孔网状结构明显，为热能的高效释放提供了结构基础。

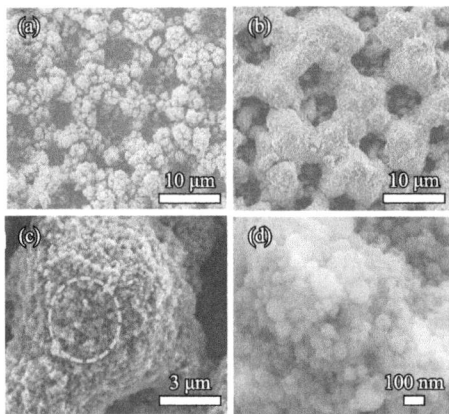

图 7-4　3D Ni 基底的 FESEM 图 (a) 和 3D 多孔 Al/Ni 含能薄膜的 FESEM 图
[(b) 为低分辨率，(c) 和 (d) 为高分辨率]

7.2.2.4　放热能力分析

通过 DSC 技术的测试和拟合得到：多孔 Al/Ni 含能复合薄膜的放热量与第 4 章设计的二元单质型 Al/Ni 复合含能体系相比提升了 10％以上。该结论进一步验证了多孔结构对含能材料在释能输出方面的优越性，也为其他多孔型含能材料/器件/芯片等的设计提供了设计基础和理论参考。

7.3　电泳沉积技术+氟化物表面改性法

7.3.1　方法概述

电泳沉积技术＋表面改性法是电泳沉积＋技术中新衍生出来的一种方法，主要就在电泳沉积成膜后进行的表面处理，实现性能的调控和改变。一般根据不同需求有目的地选择改性工艺。

性能的稳定性是评估含能材料实用性的一个重要指标。但是，大多数的金属燃料的活性强，易氧化，以及大多数的还原材料易潮解等问题都限制含能材料的实际应用。降低润湿性，进而设计疏水型含能材料是解决上述难题的有效解决路径。超疏水材料的疏水特性主要归功于表面的微纳粗糙结构。接触角大于 150°，滚动角小于 10°，是超疏水材料表面的典型特征。其中，水滴与表面的黏附力极小，且滚动角 $\alpha < 10°$ 的"荷叶态"，是目前研究最为广泛的一种超疏水材料状态。主要应用在油水分离、医学领域、防覆冰、防腐蚀、器件保护等领域。疏水表面构建方法的灵感来自自然界的植物比如水稻叶，荷叶等。尤其是荷叶表面在电子显微镜下分析发现结构较为复杂，但是均匀分布着 $10 \sim 40 \mu m$ 间隔的凸起状结构（图 7-5），且表面富含碳氧键和碳氢键，这正是荷叶具有极度斥水的原因。因此，构建微纳米粗糙结构和降低表面的自由能是制备的超疏水表面（尤其是超疏水含能复合涂层）的两个关键条件。一般地，制备疏水表面有两种方法：一是典型的自上向下法（top-down），具体来说采用化学刻蚀法、激光刻蚀等方法在光滑的表面刻蚀出均匀或者较为均匀的粗糙结构；二是从下往上法（bottom-up），此类方法与自上向下法刚好相反，一般采用化学沉积法、溶液浸渍、喷涂法等方法将相对规整的粗糙结构沉积到光滑的表面。采用简单有效的方法来设计出疏水含能材料的意义非凡。

本节主要介绍电泳沉积技术＋氟化物表面改性法来设计自保护型含能材料（以 Al/MoO_3 含能体系为例），并研究其自保护机理，以及深入研究含能材料内部结构和性能的稳定性。

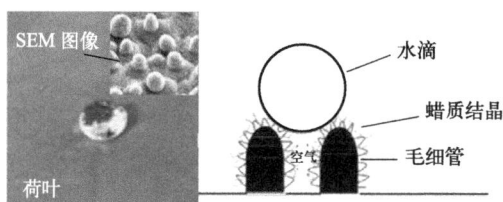

图 7-5　荷叶表面的水滴及对应的疏水机理图

7.3.2　自保护型 Al/MoO_3 含能体系设计

7.3.2.1　设计过程

采用电泳沉积技术＋氟化物表面改性法来设计自保护型 Al/MoO_3 含能体系，主要包括以下步骤（图 7-6）。

（1）基材的选择和前处理　选用 Ti 或 Ni 为工作电极和对电极，依次进行打磨、抛光、清洗、干燥等步骤。

（2）Al/MoO_3 含能体系的电泳成膜工艺　和上文类似，这里不做赘述。

（3）表面改性后处理　配制氟化物改性液，即全氟癸烷＋醇的混合液。改性条件：改性时间为 1h，改性温度为 323.15K，后续微波加热 0.2h，真空干燥至室温，即可获得自保护型 Al/MoO₃ 含能体系。

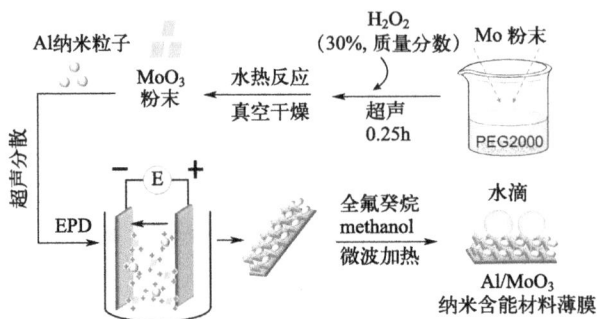

图 7-6　自保护型 Al/MoO₃ 含能体系设计步骤图

7.3.2.2　微观结构分析

和上文的分析类似，XRD 技术分析得到的自保护型 Al/MoO₃ 含能体系衍射峰尖锐明显，与标准卡片精准对应，验证其内部含有 Al 和 MoO₃ 两种组分 ［图 7-8(a)］。这里值得强调的是，经过 6 个月的自然老化实验，样品的衍射峰从强度和位置都没有明显的偏移和变化，证明了疏水型 Al/MoO₃ 含能体系的晶体结构自保护能力不错。此外，表面的均匀性也从宏观图片 ［图 7-8(b)］、微观 FESEM 电镜图 ［图 7-8(c)］ 以及 EDX 的不同的元素分布 ［图 7-8(d)］ 得到验证，以及两种类型

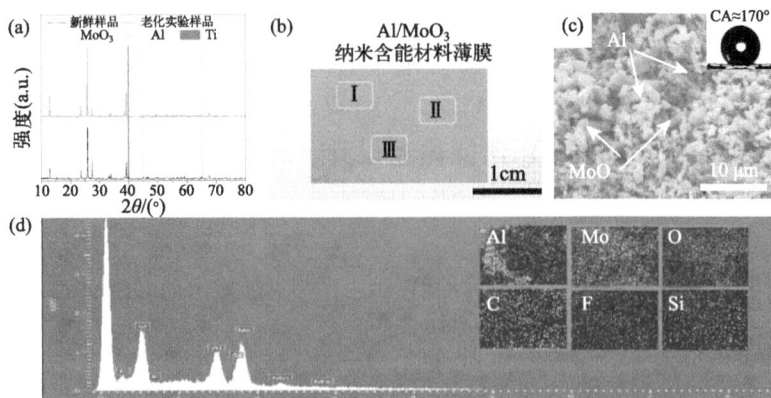

图 7-7　自保护型 Al/MoO₃ 含能体系设计的 XRD 图 （a）、
宏观光学图 （b）、微观电镜图 （c） 以及 EDX 能谱分析图 （d）

的颗粒（球体的 Al 和类条形的 MoO_3）也再次证明了电泳沉积技术的可行性。样品的接触角高达 $170°$，证明了产物的疏水性非常出色。此外，产物的微观结构［图 7-7(c)］与上文的未改性的样品对比变化不大，但是元素分布图出现了两种新元素（氟和碳），主要可能来自氟化物的表面改性过程。

7.3.2.3　表面改性机理

本小节主要分析氟化物表面改性的机理。具体分析如下，如图 7-8 所示，全氟硅烷和乙醇的混合液对自保护型 Al/MoO_3 复合含能薄膜的修饰过程，表面能减低即表面改性机理和上文类似，简述为：全氟硅烷分子中的官能团 $Si—OC_2H_5$ 经过羟基化反应成硅羟基（$Si—OH$），然后此类硅羟基作为活性基团与溶液中 $—OH$ 发生一定脱水缩合反应，生成聚硅氧烷或者聚硅醚类物质嫁接到薄膜表面，即为低表面能的自组装层。

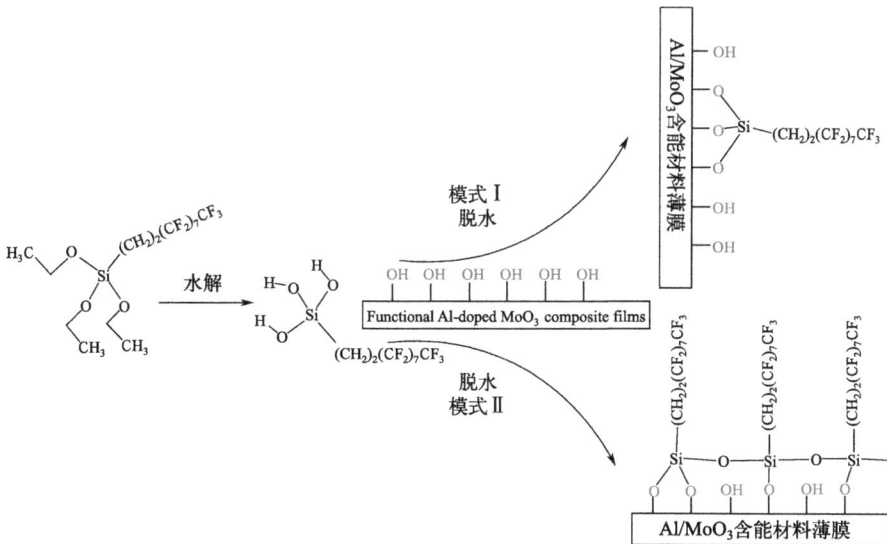

图 7-8　自保护型 Al/MoO_3 含能体系的氟化物表面改性机理图

7.3.2.4　润湿性研究

为了提升含能材料的稳定性，提升其抗湿能力至关重要。润湿性通常从样品的水接触角、不同湿度环境、滚落实验、浸泡实验、老化实验等角度进行衡量分析。

（1）滚落实验　滚落实验一般是评估材料润湿性的重要方法之一。本实验中采用微型注射器将水滴滴加到改性后的自保护型 Al/MoO_3 含能体系的表面。对滚落过程进行快速静态实时捕捉。滚落实验的另外一个核心指标是样品表面是否水平。最好的方法为将样品放置在静止的水面，并最终保持静止，这样的样品就处于几乎水平的表面。实验发现，如图7-9(a)所示，在短短的半秒之内（$T_4 \sim T_1$），液滴就能快速地从几乎水平的样品表面上滚落离开。箭头方向代表的是液滴的滚落移动方向。从快速滚落的过程能够证明样品表面的液滴黏附力极小。

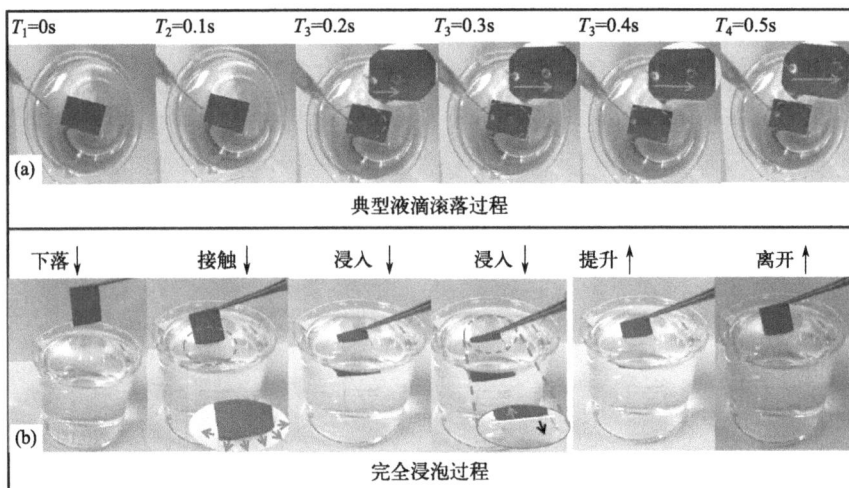

图7-9　自保护型 Al/MoO₃ 含能体系的滚落和浸泡实验过程图

（2）浸泡实验　浸泡实验是评估材料润湿性的另一个重要方法。通常来说，浸泡实验过程或整个浸泡周期包括五个阶段：下落、接触、浸入、提升以及离开过程。在浸泡过程的第二步中，对于超疏水材料来说，水面在疏水斥力的作用下发生弯曲或扭曲现象。有趣的是，随着浸泡实验进行到第三个阶段，样品的浸没部分发生了变化发光，与未浸泡入水的部分有很大的不同，就像一种"银镜"现象，如图7-9(b)所示。这种有趣现象主要是由于具有微/纳米内多孔径结构自保护型 Al/MoO₃ 含能体系表面捕获的大量气泡发生了反光现象，导致颜色从灰黑色到银亮色的转变。而后，经过提升和离开过程，样品表面未有脱落现象，证明样品表面结构稳定优良。

（3）老化实验　老化实验一般分为短期和长期两个阶段。从短期来说，通常研究浸泡循环过程对润湿性的影响规律，如图7-10所示。可以发现，在经历20次浸泡循环或周期后样品的接触角基本维持在170°左右，变化幅度较小。此外，对不同周期的样品称重，发现样品的质量变化率保持在0.2%以下，样品干燥度较高。实验中设计了不同的湿度环境的润湿性的变化规律，实验发现湿度的变化对样品的润湿性的影响较小，即在高湿环境中，接触角依然＞165°。

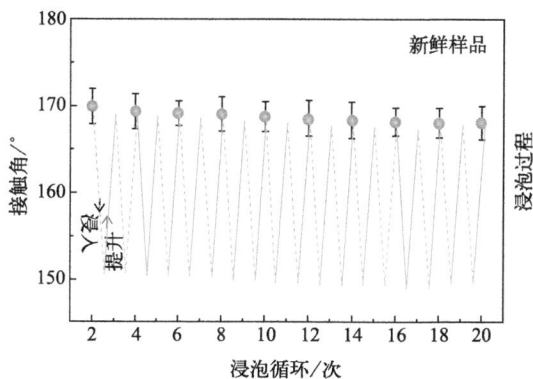

图 7-10　不同浸泡循环对自保护型 Al/MoO₃ 含能体系润湿性的影响规律

对于长期老化实验的考量比较多样，通常包括不同气氛环境的老化、不同液体环境的老化、老化时间等。

首先，研究上文短期老化后的样品的老化实验。实验发现，20 个浸泡周期后试样的接触角随着暴露时间的增加呈轻微下降趋势，但即使在 6 个月后仍然是一个高值（＞165°），进一步说明了产品优异的抗湿性和结构稳定性。其次，分析不同老化环境对润湿性能的影响规律，实验发现，酸性环境对于老化前后的样品的润湿性的影响最大，中性环境影响最小。不同的液体环境主要选用不同表面张力的液体，如水、花生油、十六烷等。分析研究长时间曝光后的样品对于不同液滴的接触角的影响。通常情况下，表面张力越大的液滴对应的接触角越大。对于水溶液（图 7-11）在 72mN/m 的高表面张力下样品接触角保持稳定（≈170°）。对于花生油和十六烷来说，其接触角逐渐减小。但是即使是表面张力极低的十六

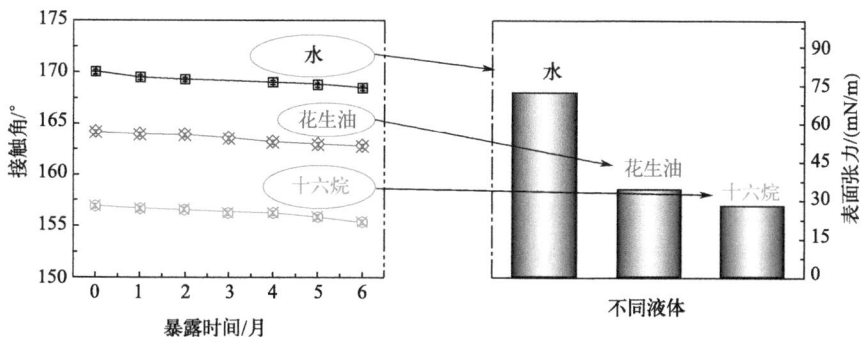

图 7-11　不同表面张力的液滴对自保护型 Al/MoO₃ 含能体系的润湿性的影响规律

烷，半年后目标膜接触角仍在 150°以上，显示出产品良好的抗湿性能。

7.3.2.5 放热能力研究

与上文类似，通常使用 DSC 技术和爆燃实验进行分析自保护型 Al/MoO$_3$ 含能体系的放热性能。

一般来说，热释放过程及其稳定性是不同功能含能型材料至关重要的性能。在本小节中，用 DSC 技术分析老化前后的样品的放热曲线进而对比其性能的变化。从图 7-12 可以看出，显然，对于新鲜样品，有三个由于 Al 和 MoO$_3$ 的剧烈放热反应而产生了尖锐的吸热峰，其中热正峰在 570℃ 左右、700℃ 左右和 735℃ 左右。放热峰的位置不同的主要可能原因是 Al 与不同尺寸的 MoO$_3$ 纳米颗粒的反应。此外，还在 600℃ 左右和 728℃ 左右的位置出现了两个吸热峰，可能来自铝的熔化过程和氧化铝的结晶转变过程。此外，与新鲜样品相比，DSC 曲线暴露 3 个月甚至 6 个月后的样品放热过程类似，DSC 曲线变化规律类似。通过软件拟合后发现，老化后的样品的放热量也可达 3099J/g，约为新鲜样品的 98%，产品热释放稳定性得到了很好的验证。

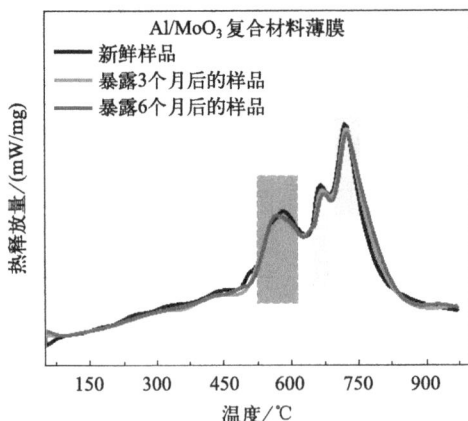

图 7-12　自保护型 Al/MoO$_3$ 含能体系的 DSC 放热曲线图

电容充放电点火方式同样在自保护型 Al/MoO$_3$ 含能体系的爆燃性能中进行应用分析。通过超高速高速摄像机来记录爆燃过程。点火通路一旦开始，含能体系几乎在同时发生剧烈的爆燃现象，如图 7-13 所示。其中两个图像之间的时间间隔是 10^{-4}s。爆燃过程，燃烧波自传播到上下垂直区域，并伴随有一个耀眼的火焰和响亮的声音，显示出强烈的放热反应。对比老化前后的样品，从爆燃强度、火焰亮度、持续时间等方面，均表现出较小的区别和衰减，具有很好的爆燃稳定性，为进一步设计多样功能型含能体系的设计提供技术和理论参考。

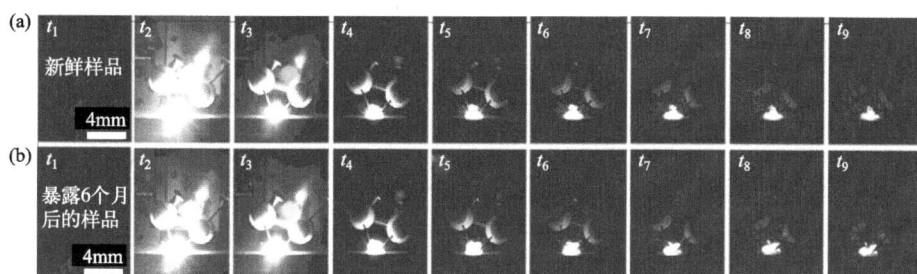

图 7-13　自保护型 Al/MoO$_3$ 含能体系的爆燃过程图

[(a) 新鲜样品；(b) 老化样品]

7.4　电泳沉积技术+Ag 基表面改性法+电热激发法

7.4.1　方法概述

电泳沉积技术＋Ag 基表面改性法＋外界激发法是一种新型的为了提升含能器件的应用性而被研发出来的新型技术。主要是在电泳成膜的基础上进行薄膜的自上而下改性，然后通过不同的外界环境的刺激激发实现功能化自主原位调节，提升含能器件的智能化。本章主要介绍电泳沉积技术＋Ag 基表面改性法＋电热激发法来设计性能智能可控的 Al/MnO$_2$ 含能体系。

7.4.2　性能智能可控的 Al/MnO$_2$ 含能体系设计

7.4.2.1　设计过程

引入电泳沉积技术＋Ag 基表面改性法＋电热外界激发法来设计性能智能可控的 Al/MnO$_2$ 含能体系。一般可以分为三步（图 7-14）。

① 调控工艺参数，选取最优悬浮液（异丙醇、乙醇、PEI 的混合液），采用电泳沉积技术得到 Al/MnO$_2$ 含能薄膜。与上文类似，这里不做赘述。

② 优化电解液，调控参数，实现含能薄膜的 Ag 基表面改性过程。最佳的电解液组成为：硝酸银和十二烷基磺酸钠的混合液，电压为 1.5V，实现 Al/MnO$_2$ 含能薄膜的润湿性初次改变（疏水化）。

③ 在水系中施加电场，Al/MnO$_2$ 含能薄膜的润湿性再次改变（亲水化）。

④ 通过有机（如乙醇、异丙醇）气体熏蒸和真空干燥来实现 Al/MnO$_2$ 含能薄膜的润湿性再次改变（疏水化），表明样品具有灵活的润湿性切换能力。

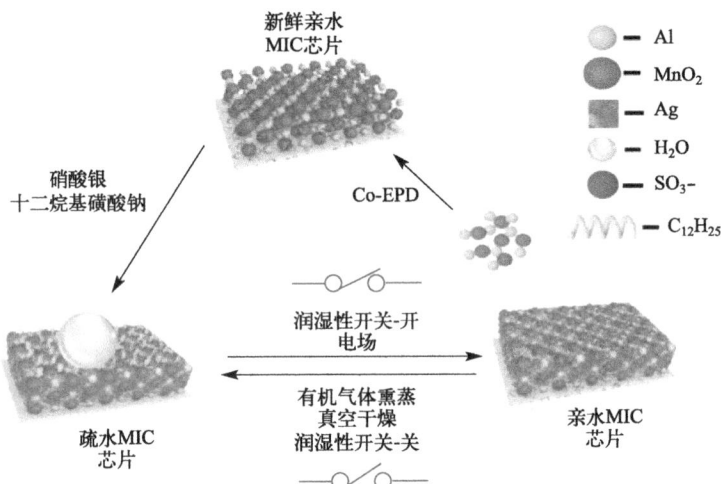

图 7-14　性能智能可控的 Al/MnO$_2$ 含能体系设计原理图

7.4.2.2　结构分析

本小节主要介绍场发射扫描电镜（FESEM）技术分析性能智能可控的 Al/MnO$_2$ 含能薄膜的微观结构。从图 7-15(a) 可以看出，新鲜（超亲水性，接触角为 0°）样品表面的形貌表面粗糙但相对均匀，是一种优良的微纳多孔结构，这为构筑疏水材料提供了优良的结构基础。经过润湿性的改变，样品实现超疏水化，水的静态接触角升至接触角为 164°左右，但是纳米结构的粗糙均匀分布相似，说明表面改性对微观结构的影响较小 [图 7-15(b)]。然而，值得注意的是，再次亲水化后，水的静态接触角降低至 0°左右，由于水侵蚀后结构的变化，其凹凸表面的裂纹明显变宽，颗粒的分布均匀性出现了较大的变化 [图 7-15(c)]。

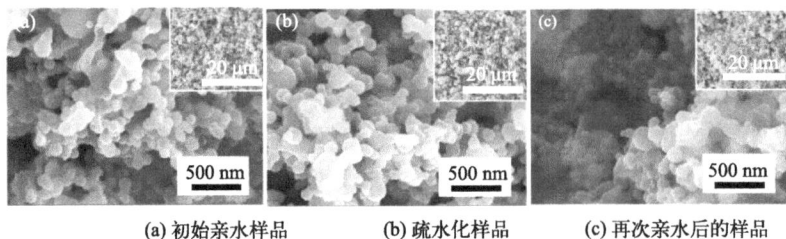

(a) 初始亲水样品　　　(b) 疏水化样品　　　(c) 再次亲水后的样品

图 7-15　性能智能可控的 Al/MnO$_2$ 含能体系的 FESEM 微观电镜图

7.4.2.3　安全性分析

　　含能体系因其军用、国防等领域的广泛应用，更应该关注其安全性，包括信息安全、性能安全等。本小节主要分析如何提升含能体系的信息安全。传统的技术手段主要包括：采用激光刻蚀等方法将加密信息刻入含能体系中进行识别，或在包装或基底区域进行信息加密，以及通过润湿调控在含能体系表面本身润湿性特性将信息录入并加密等，旨在扩大其应用场景和使用的安全性。

　　本实验中，受到纳米布沙漠甲虫鞘翅惊人的不对称的亲疏水结构的启发［图7-16(a)］，在高能 Al/MnO_2 含能体系表面构建亲疏水交替界面，为实现信息安全的数据记录和加密提供了一个相当有价值的思路，具有很大的应用价值。主要的两种信息加密过程如下。第一种方法：具体来说，在数据记录过程中，使用疏水含能体系表面创建两个区域：（ⅰ）为信息记录需求专门设计的亲水区域和（ⅱ）其余区域。对含能体系表面上的亲水数据记录区域进行疏水加密，即疏水IE。第二种方法：具体来说，和上一步相同的数据记录过程，对含能体系表面的疏水区域也进行亲水加密，即亲水 IE。在本实验中，不同的典型的机密信息（如"MIC""LT"字符）成功地被写入高能 Al/MnO_2 含能体系中，并实现了两种加密过程，进一步拓展了含能体系在国防和安全领域的潜在应用，未来将借助更精密的设备实现更复杂、更机密的信息的微纳米级写入和加密。

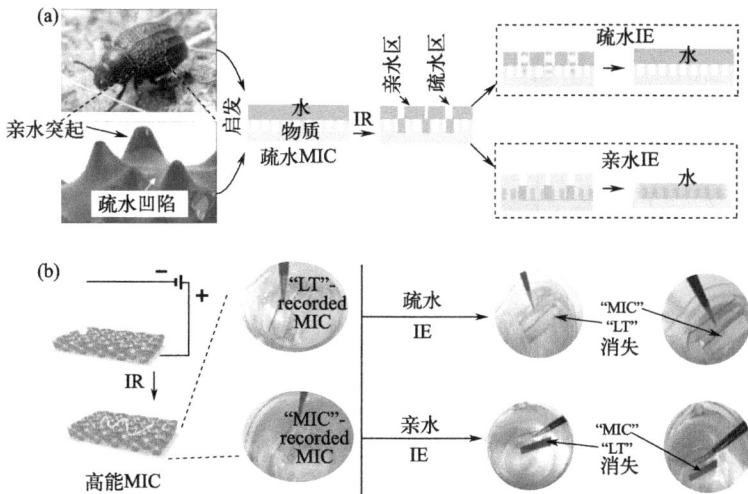

图 7-16　受甲虫鞘翅不对称结构启发，设计疏水和亲水交替界面，在含能薄膜芯片上实现信息加密过程示意图（a），以及在性能智能可控的 Al/MnO_2 含能体系上两种典型机密信息的记录和加密过程（b）

7.4.2.4 性能智能可控

性能智能可控通常的理解包括性能安全保存、性能补救、性能快速失效、性能远程控制调控等，使用常规的技术手段较难同时实现。但是本实验使用的技术能够高效同时实现多种性能的调控。如果借助远程遥感等技术，含能体系的可控性会进一步提升。

借助本实验的研究结果进行分析放热性能可控性。从图 7-17（a）中可以看出，老化的疏水样品 Sp-Al/MnO$_2$ 的 DSC 曲线与新鲜的亲水的 Sl-Al/MnO$_2$ 相似，在至少 60 天的自然暴露下表现出几乎稳定的放热能力。此外，新鲜样品老化后的放热能力就变差很多。Sl-Al/MnO$_2$ MIC 芯片的放热过程明显弱于时效测试前的样品 [图 7-17（b）]。为了表述方面，我们将放热量的平均衰减值定义如下：$\overline{AT} = \frac{1}{3}\sum_{i=1}^{3}(Q_F - Q_T)_i \times 100\%$，其中 Q_F、Q_T、i 为新鲜的亲水样品放热量、经过一定处理后的样品放热量和测试次数。发现老化后的疏水样品在不同的环境都比老化后的亲水样品的放热能力要强，这为实现含能体系放热性能的提升

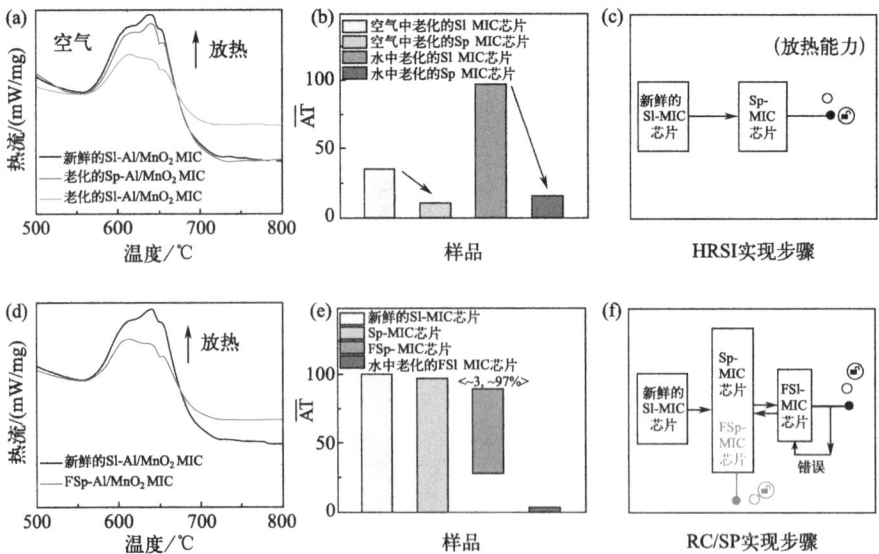

图 7-17　（a）新鲜的亲水 Al/MnO$_2$ 含能体系在空气中老化实验前后的 DSC 曲线，以及老化的疏水改性的 Al/MnO$_2$ 含能体系的 DSC 曲线，（b）两种老化试验后老化样品的对比图，（c）HRSI 应用的实现步骤图；（d）新鲜的亲水 Al/MnO$_2$ 含能体系与新鲜的疏水改性的样品含能体系的 DSC 曲线，（e）不同处理后样品的性能对比图，（f）RC/SP 应用的实现步骤图

改善（HRSI）提供理论和实验基础［图 7-17(c)］。此外，与图 7-17(d) 新鲜样品的 DSC 曲线相比，通过将亲水新鲜样品的三次润湿切换后的疏水样品（FSp-Al/MnO$_2$ MIC）表现出相似但相对较弱的放热过程，能量损失约为 30%。因此，通过润湿性调控可以实现热释放能力在 3% ～ 97% 范围内可控的高能体系［图 7-17(e)］。在此基础上，可以通过润湿性调控随意调节放热性能，有望实现远程清理（remote clearance）或修剪性能（sheering properties），其实现步骤如图 7-17(f) 所示。可以通过润湿性调控进行样品的亲水化快速破坏含能体系的放热性能。"O"代表输出结果。当然，在弥补错误指令或性能需要挽救的情况下，可以再次启动润湿性调控开关，实现性能的补救，在未来战争及多场景应用中潜力无限，也为下一代智能含能芯片或器件在国防、医疗、微电子等领域的发展提供了新的途径。

7.5　本章小结

本章介绍了三种电泳沉积技术＋来设计多样的含能体系，主要的结论如下。

（1）采用电泳沉积技术＋气泡模板法来设计 3D 多孔 Al/Ni 含能体系，多孔结构明显，电泳沉积可控性高，目标含能体系放热性能与第四章报道的体系有所提升。

（2）采用电泳沉积技术＋氟化物表面改性法来设计自保护型 Al/MoO$_3$ 含能体系，实现了含能体系的疏水化处理。在均匀可控的微观结构几乎不受影响的前提下实现了放热能力在长达半年老化实验后依然能够稳定输出。

（3）采用电泳沉积技术＋Ag 基表面改性法＋电热激发法设计性能智能可控的 Al/MnO$_2$ 含能体系。成功构建了润湿性调控开关，不仅解决含能材料性能稳定性差的难题，也为性能补救等多场景应用需求提供了技术和实验参考。

第 **8** 章

应用前景和展望

8.1　含能材料方面

据调研机构恒州诚思（YH Research）研究统计，2023 年全球含能材料市场规模约 1734 亿元，预计到 2030 年市场规模将接近 2083 亿元，未来六年的年复合增长率（CAGR）为 2.6%。这表明含能材料的市场需求越来越大。含能材料的研究在未来一定是前景无限。含能材料这个大家族的成员会越来越多，研究手段也会更加全面和丰富多样，其研究和应用正在不断拓展，推动着新材料技术的发展，同时也对环境和安全提出了新的挑战，以实现更高效、更环保、更安全的应用目标。未来的研究有望在以下几个方面有较大突破。

（1）理论模拟分析的全面性。目前的研究主要集中在有机分子型的含能体系的模拟验证和机理分析。例如，2019 本团队成员 H. S. Huang 在 J. Am. Chem. Soc. 发文采用爬坡图像弹性带法（climbing image nudged elastic band，CI-NEB）和从头算分子动力学或第一性原理分子动力学（ab initio molecular dynamics，AIMD）方法，深入研究了全氮阴离子盐 $(N_5)_6(H_3O)_3(NH_4)_4Cl$ 的质子转移机理及其动力学行为，具有重要的学术价值，解决了学术界关于 $(N_5)_6(H_3O)_3(NH_4)_4Cl$ 晶体中是否存在 HN_5 的科学争论。目前，由于受限于无机结构体积大等问题，目前关于无机结构型含能体系的相关探索比较匮乏。

（2）含能材料规模化生产。目前的研究手段和设计工艺较大地局限于小含量和实验室内部的设计和合成，大规模快速量产依然困难。

（3）含能材料的应用有待进一步增强。比如，如何将含能材料与生物医疗深入地结合来攻克一系列的重症，如何将人工智能（AI）引入含能材料设计智能型/智慧型含能材料，等等。

（4）绿色环保型含能材料和设计技术的持续性开发。

8.2　电泳沉积技术方面

从电泳沉积技术方面来说，未来的研究有望在以下几个方面有较大突破。

（1）电泳沉积与纳米技术的进一步融合。例如，引入新型的碳基材料来改变含能材料的性能。

（2）电泳沉积与等离子体技术的进一步融合。例如，通过等离子体处理在含能材料膜表面引入氨基、羧基等活性基团，可以实现与其他功能分子的共价连接，拓展含能材料膜的应用范围。

（3）电泳沉积与 3D 打印技术的进一步融合。例如，通过 3D 打印技术打印复杂骨架基底，设计定制型含能芯片等。

（4）电泳沉积与基底消解法的进一步融合。例如，在易剥离或者易消解的基底上电泳沉积含能涂层来设计自支撑含能薄膜或器件。

（5）电泳沉积与表面后处理的进一步融合探索来提升含能涂层与基底的附着力。目前已经有一些学者进行探索。比如 Y. J. Yin 团队提出在 Al/CuO 高能体系中引入含 F 聚合物，薄膜的黏附水平从 1B 提高到 4B，这是归因于以有机网状膜形成，像渔网一样将松散的颗粒覆盖在膜上。同时表现出不错的燃烧与能量释放能力，也能作为点火材料，成功地点燃了 B-KNO$_3$ 炸药。此外，D. X. Zhang 团队提出可以采用油相合成法即十八胺与硝酸盐（如硝酸铜等）制备得到纳米氧化物粒子（如氧化铜纳米粒子等），与纳米铝分散进行电泳沉积得到的含能涂层具有不错的附着力。

（6）电泳沉积与人工智能技术的进一步融合。例如，利用人工智能技术优化电泳沉积的电压、时间、温度等参数，以及与其他技术结合的工艺顺序和条件，提高含能材料膜的质量和性能，能大大地降低研发成本，为含能材料的创新发展提供有力支持。

参 考 文 献

[1] Muravyev N V, Fershtat L, Zhang Q H. Synthesis, design and development of energetic materials: quo vadis? [J]. Chemical Engineering Journal, 2024, 486: 150410.

[2] Zhong K, Zhang C Y. Review of the decomposition and energy release mechanisms of novel energetic materials [J]. Chemical Engineering Journal, 2024, 483: 149202.

[3] Zhang T, Gao X M, Li J C, et al. Progress on the application of graphene-based composites toward energetic materials: a review [J]. Defence Technology, 2024, 31: 95-116.

[4] Lv R B, Jiang L, Wang J X, et al. A zwitterionic fused-ring framework as a new platform for heat-resistant energetic materials [J]. Journal of Materials Chemistry A, 2024, 17: 10050-10058.

[5] Zhu T, Lei C J, Li C C, et al. Preparation of novel heat-resistant and insensitive fused ring energetic materials [J]. Journal of Materials Chemistry A, 2024, 12: 4678-4683.

[6] Qin Y Q, Yang F, Jiang S J, et al. A new breakthrough in electrochemical synthesis of energetic materials: constructing super heat-resistant explosives [J]. Chemical Engineering Journal, 2024, 486: 149968.

[7] Wang J R, Liu D, Zhang J H, et al. Design of conductive polymer coating layer for effective desensitization of energetic materials [J]. Chemical Engineering Journal, 2024, 482: 148874.

[8] Kumar P, Kumar N, Ghule V D, et al. Zwitterionic fused pyrazolo-triazole based high performing energetic materials [J]. Chemical Communications, 2024, 60: 1646-1649.

[9] He X K, Chen C, Zhang Z X, et al. Molecule empowerment and crystal desensitization: a multilevel structure-property analysis toward designing high-energy low-sensitivity layered energetic materials [J]. ACS Applied Materials & Interfaces, 2024, 16(36): 47429-47442.

[10] Rajak R, Kumar P, Dharavath S. Mixed-metallic energetic metal-organic framework: new structure motif for potential heat-resistant energetic materials [J]. ACS Applied Materials & Interfaces, 2024, 24 (5): 2142-2148.

[11] Yu J, Wang J, Zhang X P, et al. A high precision instantaneous detonation model (hp-IDM) for condensed energetic materials and its application in underwater explosions [J]. Journal of Applied Physics, 2024, 136 (4): 044701.

[12] Gou Q L, Liu J, Su H M, et al. Exploring an accurate machine learning model to quickly estimate stability of diverse energetic materials [J]. iScience, 2024, 27(4): 109452.

[13] Zhang X D, Zeng Q Q, Ji J, et al. Preparation of anhydrous FeF_2 by solvothermal method and its application in composite energetic materials [J]. Combustion and Flame, 2024, 261: 113298.

[14] Li C, Lu Z J, Li S Q, et al. The influence of the number of fluorine atoms on the properties of energetic materials [J]. Journal of Molecular Structure, 2024, 1318: 139246.

[15] Jiang J, Xia Q Y, Xu S Y, et al. Evaluating shock sensitivity and decomposition of energetic materials by reaxff molecular dynamics [J]. Journal of Materials Science, 2024, 59(1): 114-129.

[16] Xu M, Xiang N X, Yin P, et al. Alkylene-functionality in bridged and fused nitrogen-rich poly-cyclic energetic materials: synthesis, structural diversity and energetic properties [J]. Defence Technology, 2024, 35: 18-46.

[17] Wen M J, Chang X Y, Xu Y B, et al. Determining the mechanical and decomposition properties of high energetic materials (α-RDX, β-HMX, and ε-CL-20) using a neural network potential [J]. Physical Chemistry Chemical Physics, 2024, 26 (13): 9984-9997.

[18] Han K, Li S J, Li C Y, et al. Oil-in-water nanoemulsion adhesive system: Preparation by ultrasonic homogenization and its application in 3D direct writing composite energetic materials [J]. Journal of Materials Research and Technology, 2024, 30: 1582-1593.

[19] Cheng G B, Yang H W, Tang J. Bicyclic-based energetic materials [J]. Nitrogen-Rich Polycyclic-Based Energetic Materials, 2024, 5: 7-161.

[20] Yang P, Liu H H, Wang S, et al. Functional energetic materials: simple preparation of fluorinated materials to improve safety, preservation and energy release performance of energetic materials [J]. Colloids and Surfaces A: Physicochemical and Engineering Aspects, 2024, 694: 134144.

[21] Mondal J, Singh S K, Shin W G. Enhanced ignition and combustion performance of boron-based energetic materials through surface modification and titanium dioxides coating [J]. Ceramics International, 2024, 50 (9): 16598-16614.

[22] Kuterasiński Ł, Sadowska M, Żeliszewska P, et al. Cu-containing faujasite-type zeolite as an additive in eco-friendly energetic materials [J]. Molecules, 2024, 29 (13), 3184.

[23] Liu D Q, Xuan C L, Xiao L, et al. Reaction mechanism of exfoliation degree and high temperature surface oxidation metamorphism of 2D $Ti_3C_2T_x$ on thermal decomposition of various energetic materials [J]. Ceramics International, 2024, 50 (1): 2221-2232.

[24] Jin G R, Wang M R, Wang S Y, et al. Co-combustion strategy of waste energetic materials with pine sawdust for efficient NO_x emissions reduction [J]. Journal of the Energy Institute, 2024, 112: 101457.

[25] Yang Z X, Zhu S F, Zhang L, et al. Impact of regioisomerism on unimolecular decomposition reactions of energetic materials: quantum chemistry modeling of ICM-103 and NAPTO [J]. Computational and Theoretical Chemistry, 2024, 1239: 114722.

[26] Arman A, Sağlam Ş, Üzer A, et al. A novel electrochemical sensor based on phosphate-stabilized poly-caffeic acid film in combination with graphene nanosheets for sensitive determination of nitro-aromatic energetic materials [J]. Talanta, 2024, 266: 125098.

[27] Sharma A, Singh K D, Guin M. Theoretical investigation of energetic materials based on imidazole framework featuring azido/nitro/nitrato/fluoro groups [J]. Journal of Physical Organic Chemistry, 2024: e4661.

[28] Yang Y L, Zhang W J, Pang S P, et al. 2,2'-bisdinitromethyl-5,5'-bistetrazole: a high-performance, multi-nitro energetic material with excellent oxygen balance [J]. The Journal of Organic Chemistry, 2024, 89 (17): 12790-12794.

[29] Zou J Y, Rong B, Liu Y B, et al. Dynamics simulation and product quality consistency optimization of energetic material extrusion process [J]. The International Journal of Advanced Manufacturing Technology, 2024, 131: 1497-1514.

[30] Li Q L, Li S S, Xiao J J. Effects of temperature on novel molecular perovskite energetic material ($C_6H_{14}N_2$) [$NH_4(ClO_4)_3$]: a molecular dynamics simulation [J]. ACS Omega, 2024, 9(3): 4013-4018.

[31] Lin C C, Yi P P, Yi X Y, et al. The study on synthesis and characterization of insensitive energetic materials

based on 5-(5-nitro-1H-1, 2, 4-Triazol-3-yl)-1H-tetrazole [J]. Journal of Physical Organic Chemistry, 2024: e4667.

[32] Parepalli P, Nguyen Y T, Sen O, et al. Multi-scale modeling of shock initiation of a pressed energetic material Ⅲ: effect of arrhenius chemical kinetic rates on macro-scale shock sensitivity [J]. Journal of Physical Organic Chemistry, 2024, 135(8): 085106.

[33] Zuckerman J E, StMyer M C, Zeller M, et al. Combination energetic materials consisting of strained rings combined with high heat of formation tetrazoles [J]. ChemPlusChem, 2024: e164.

[34] Bhatia P, Priya P S, Das P, et al. N-acetonitrile functionalized 3-nitrotriazole: Precursor to nitrogen rich stable and insensitive energetic materials [J]. Energetic Materials Frontiers, 2024, 5(1): 8-16.

[35] Vangara S, Kommu N, Sahoo A K. Harnessing triazole-oxadiazole-trinitromethyl moieties in the synthesis of insensitive energetic material with enhanced detonation performance [J]. New Journal of Chemistry, 2024, 48(34): 14860-14864.

[36] Sanchirico, Roberto, Sarli D, et al. Predicting the shelf life of energetic materials via kinetic analysis of decomposition data gathered by using thermal analysis techniques [J]. Chemical Engineering Transactions, 2024, 111: 367-372.

[37] Shukla H, Velidi G. Energetic material characterization and ignition study of MEMS based micro-thruster for multi spacecrafts missions [J]. FirePhysChem, 2024, 4(2): 122130.

[38] Li J, Liu Y B, Ma W Q, et al. Construction of fused n-oxide via in situ ring closure strategy: new pathway to high energy low sensitivity energetic compounds [J]. Energetic Materials Frontiers, 2024.

[39] Kulikov A A, Leonov N E, Klenov M S, et al. First comprehensive study of energetic (methoxy-NNO-azoxy) furazans: novel synthetic route, characterization, and property analysis [J]. Energetic Materials Frontiers, 2024.

[40] Lv J, Zhai H, Yang H F, et al. Antistatic modification strategy inspired by electrostatic dissipative characteristics to construct high-safety powder: a case study of hexanitrohexaazaisowurtzitane (CL-20) energetic material [J]. Applied Surface Science, 2024, 653: 159438.

[41] Das P, Bhatia P, Pandey K, et al. Taming of 4-azido-3,5-dinitropyrazole based energetic materials [J]. Materials Advances, 2024, 5: 171-182.

[42] Dong W S, Mei H Z, Yu Q Y, et al. Structure and performance regulation of energetic complexes through multifunctional molecular self-assembly [J]. Dalton Transactions, 2024, 53(33): 13925-13932.

[43] Gong W S, Guo B Y, Hu L, et al. Host-guest technique for designing highly energetic compounds with the nitroamino group [J]. Organic Letters, 2024, 26(21): 4417-4421.

[44] Fang X, Wells A. Laser ignition of energetic crystals of cyclotrimethylenetrinitramine (RDX) optically sensitized with gold nanoparticles and light-absorbing dye [J]. Optics & Laser Technology, 2024, 181: 111879.

[45] Namvari M, Chakrabarti B K. Electrophoretic deposition of mxenes and their composites: toward a scalable approach [J]. Advances in Colloid and Interface Science, 2024, 331: 103208.

[46] Abdeljaoued A, Ruiz B L, Tecle Y E, et al. Efficient removal of nanoplastics from industrial wastewater through synergetic electrophoretic deposition and particle-stabilized foam formation [J]. Nature Communications, 2024, 15(1): 5437

[47] Li C H, Li Y, Chen Q L, et al. $Ti_3C_2T_x$ @polyaniline/epoxy coating based on cathodic electrophoretic deposition with effective corrosion inhibition effect for corrosion protection on P110 steel [J]. Progress in Organic Coatings, 2024, 187: 108173.

[48] Hideshima S, Ogata Y, Takimoto D, et al. Vertically aligned mxene bioelectrode prepared by freeze-drying assisted electrophoretic deposition for sensitive electrochemical protein detection [J]. Biosensors and Bioelectronics, 2024, 250: 116036.

[49] Guo J B, Niu Y B, Wu J Q, et al. Electrophoretic deposition of photothermal responsive antibacterial coatings on titanium with controlled release of silver ions [J]. Progress in Organic Coatings, 2024, 188: 108207.

[50] Lee H, Yang J B, Kim D R. Anti-frosting characteristics of superhydrophobic-hydrophilic wettability switchable surfaces [J]. International Journal of Heat and Mass Transfer, 2024, 221: 125035.

[51] Sayed M M, Noby H, Zkria A, et al. Engineered eco-friendly composite membranes with superhydrophobic/hydrophilic dual-layer for DCMD system [J]. Chemosphere, 2024, 352: 141468.

[52] Zhang Y H, Xu Z W, Zhang K, et al. Fabrication of superhydrophobic-hydrophilic patterned Cu@Ag composite SERS substrate via femtosecond laser [J]. Nanomanufacturing and Metrology, 2024, 7: 1.

[53] Li H, Duan Y J, Shao Y L, et al. Advances in organic adsorption on hydrophilic hierarchical structures for bionic superhydrophobicity: from fundamentals to applications [J]. Journal of Materials Chemistry A, 2024, 12(25): 14885-14939.

[54] Yang W, Liu C Y, Zhang Y B, et al. Numerical and theoretical modeling of water droplet impact on hydrophilic and superhydrophobic cones [J]. Physics of Fluids, 2024, 36(10): 103329.

[55] Guo X G, Liang T T, Huang H S, et al. Programming an efficient technique for designing smart C-doped MIC with dual self-protection forinformation and highenergy [J]. Rare Metals, 2024: 1-10.

[56] Chen F Y, Xuan C L, Lu Q Q, et al. A review on the high energy oxidizer ammonium dinitramide: its synthesis, thermal decomposition, hygroscopicity, and application in energetic materials [J]. Defence Technology, 2023, 19: 163-195.

[57] Chen B H, Lu H, Chen J Y, et al. Recent progress on nitrogen-rich energetic materials based on tetrazole skeleton [J]. Topics in Current Chemistry, 2023, 381(5): 25.

[58] Tang J, Yang H W, Cheng G B. Nitrogen-rich tetracyclic-based heterocyclic energetic materials [J]. Energetic Materials Frontiers, 2023, 4(2): 110-122.

[59] Singh J, Staples R J, Shreeve J M. Increasing the limits of energy and safety in tetrazoles: dioximes as unusual precursors to very thermostable and insensitive energetic materials [J]. Journal of Materials Chemistry A, 2023, 11: 12896-12901.

[60] Wu T, Singh V, Julien B, et al. Pioneering insights into the superior performance of titanium as a fuel in energetic materials [J]. Chemical Engineering Journal, 2023, 453: 139922.

[61] Liu Q Q, Yuan M Y, He J H, et al. Exchanging of NH_2/$NHNH_2$/$NHOH$ groups: an effective strategy for balancing the energy and safety of fused-ring energetic materials [J]. Chemical Engineering Journal, 2023, 466: 143333.

[62] Larin A A, Degtyarev D D, Ananyev I V, et al. Linear furoxan assemblies incorporating nitrobifuroxan scaffold: en route to new high-performance energetic materials [J]. Chemical Engineering Journal, 2023,

470：144144.

[63] Wei X S, Huang W, Liu Y J, et al. Morphology constraint of β-HMX in polymeric carbon nitrides towards hybrid energetic materials [J]. Chemical Engineering Journal，2023，452：138981.

[64] Hamilton B W, Yoo P, Sakano M N, et al. High-pressure and temperature neural network reactive force field for energetic materials [J]. The Journal of Chemical Physics，2023，158(14)：144117.

[65] Chen S, Li L, Song S W, et al. Regulating the thermal stability and energy of fused-ring energetic materials by hydrazo bridging and hydrogen-bonding networks [J]. Crystal Growth & Design，2023，23(7)：4970-4978.

[66] Yadav A K, Jujam M, Ghule V D, et al. High-performing, insensitive and thermally stable energetic materials from zwitterionic gem-dinitromethyl substituted C-C bonded 1, 2, 4-triazole and 1, 3, 4-oxadiazole [J]. Chemical Communications，2023，59(29)：4324-4327.

[67] Son J Y, Aikonen S, Morgan N, et al. Exploring cuneanes as potential benzene isosteres and energetic materials: scope and mechanistic investigations into regioselective rearrangements from cubanes [J]. Journal of the American Chemical Society，2023，145(30)：16355-16364.

[68] Cao W G, Zhang X, Jia Y, et al. Energy output characteristics and safety design of Al-AlH$_3$ composite dust for energetic material additive [J]. Combustion and Flame，2023，254：112842.

[69] Li Y X, Hussain I, Chen X, et al. Hybrid composites based on Al/CuO nanothermites and tetraamminecopper perchlorate for high-performance energetic materials [J]. ACS Applied Nano Materials，2023，6 (13)：12219-12230.

[70] Elbasuney S, Ismael S, Yehia M. Ammonium percholorate/HMX co-crystal: bespoke energetic materials with tailored decomposition kinetics via dual catalytic effect [J]. Journal of Energetic Materials，2023，41(3)：429-448.

[71] Li W G, Liu Q J, Liua F S, et al. Atomic mean square displacement study of the bond breaking mechanism of energetic materials before explosive initiation [J]. Physical Chemistry Chemical Physics，2023，25(7)：5613-5618.

[72] Li J C, Ma Y Q, Zhang C, et al. Green electrosynthesis of 3,3′-diamino-4,4′-azofurazan energetic materials coupled with energy-efficient hydrogen production over Pt-based catalysts[J]. Nature Communications，2023，14：8146.

[73] Fershtat L L. Recent advances in the synthesis and performance of 1,2,4,5-tetrazine-based energetic materials [J]. FirePhysChem，2023，3(1)：78-87.

[74] Zhou J Q, Wu B D, Wang M, et al. Accurate and efficient droplet microfluidic strategy for controlling the morphology of energetic microspheres [J]. Journal of Energetic Materials，2023，41(3)：411-428.

[75] Ma W Q, Zhang Z Q, Ma Q, et al. Bicyclic high-energy and low-sensitivity regioisomeric energetic compounds based on polynitrobenzene and pyrazoles [J]. Crystal Growth & Design，2023，233 (2)：1127-1132.

[76] Cheng X, Liu Y P, Liu O S, et al. Electrophoretic deposition of coatings for local delivery of therapeutic agents [J]. Progress in Materials Science，2023，136：101111.

[77] Yang L X, Ma Q Y, Yin Y L, et al. Construction of desolvated ionic COF artificial SEI layer stabilized Zn metal anode by in-situ electrophoretic deposition [J]. Nano Energy，2023，117：108799.

[78] Li Q F, Xu M H, Jiang C S, et al. Highly sensitive graphene-based ammonia sensor enhanced by electrophoretic

deposition of MXene [J]. Carbon, 2023, 202: 561-570.

[79] Zhang D X, Zhuo L, Xiang Q. Electrophoretic deposition of polytetrafluoroethylene (PTFE) as anti-corrosion coatings [J]. Materials Letters, 2023, 346: 134524.

[80] Alimoradi H, Shams M, Ashgriz N. Enhancement in the pool boiling heat transfer of copper surface by applying electrophoretic deposited graphene oxide coatings [J]. International Journal of Multiphase Flow, 2023, 159: 104350.

[81] Lee H, Yang J B, Kim D R. Anti-frosting characteristics of superhydrophobic-hydrophilic wettability switchable surfaces [J]. International Journal of Heat and Mass Transfer, 2023, 221: 125035.

[82] Rezaei H. Investigating aerodynamics of a 3D blade in rainy conditions: application of hybrid superhydrophobic-hydrophilic surfaces [J]. Aerospace Science and Technology, 2023, 142: 108677.

[83] Joeng S, Kim Y. Photoswitchable and reusable superhydrophobic/hydrophilic TiO_2-coated stainless-steel mesh as oil-water separator [J]. Colloids and Surfaces A: Physicochemical and Engineering Aspects, 2023, 676: 132299.

[84] Sotoudeh F, Mousavi S, Karimi N, et al. Natural and synthetic superhydrophobic surfaces: a review of the fundamentals, structures, and applications [J]. Alexandria Engineering Journal, 2023, 68: 587-607.

[85] Liu C, Sun R Y, Zhao J, et al. Enhancement of water collection efficiency by optimizing hole size and ratio of hydrophilic-superhydrophobic area on hybrid surfaces [J]. Journal of Environmental Chemical Engineering, 2023, 11(5): 111082.

[86] Guo X G, Liang T T, Tian M Z, et al. An expanding horizon: Recyclable dual-functional size-adjusted fluorinated mesh devices for large-scale oily wastewater remediation [J]. Ceramics International, 2023, 49(16): 26962-26972.

[87] Guo X G, Man S S, Li Y, et al. A novel fluorine-free design of superhydrophobic nano-Al/NiO(Ⅱ) energetic film with promising exothermic performance [J]. Materials Letters, 2023, 347: 134438.

[88] Guo X G, Liang T T, Islam M L, et al. Highly reactive thermite energetic materials: preparation, characterization, and applications: a review [J]. Molecules, 2023, 28(6): 2520.

[89] Guo X G, Liang T T, Tetteh A J, et al. In situ molecule-level interface tailoring of metastable intermolecular composite chips toward on-demand heat release and information encryption [J]. Journal of Materials Chemistry A, 2023, 11(48): 26465-26473.

[90] Yount J, Piercey D G. Electrochemical synthesis of high-nitrogen materials and energetic materials [J]. Chemical Reviews, 2022, 122(9): 8809-8840.

[91] Chen N H, He C L, Pang S P. Additive manufacturing of energetic materials: Tailoring energetic performance via printing [J]. Journal of Materials Science & Technology, 2022, 127: 29-47.

[92] Muravyev N V, Wozniak D R, Piercey D G. Progress and performance of energetic materials: open dataset, tool, and implications for synthesis [J]. Journal of Materials Chemistry A, 2022, 10(20): 11054-11073.

[93] Zhang G J, Yi Z X, Cheng G B, et al. Polynitro-functionalized azopyrazole with high performance and low sensitivity as novel energetic materials [J]. ACS Applied Materials & Interfaces, 2022, 14(8): 10594-10604.

[94] Pang W Q, Yetter R A, DeLuca T, et al. Boron-based composite energetic materials (B-CEMs): preparation, combustion and applications [J]. Progress in Energy and Combustion Science, 2022, 93: 101038.

[95] Liu W H, Liu Q J, Zhong M, et al. Predicting impact sensitivity of energetic materials: insights from energy transfer of carriers [J]. Acta Materialia, 2022, 236(1): 118137.

[96] Sheremetev A B, Melnikova S F, Kokareva E S, et al. Nitroxy-and azidomethyl azofurazans as advanced energetic materials [J]. Defence Technology, 2022, 18(8): 1369-1381.

[97] Lei C J, Yang H W, Yang W, et al. Synthesis of ideal energetic materials with high density and performance based on 5-aminotetrazole [J]. Crystal Growth & Design, 2022, 22(4): 2594-2601.

[98] Lai Q, Pei L, Fei T, et al. Shreeve. Size-matched hydrogen bonded hydroxylammonium frameworks for regulation of energetic materials [J]. Nature Communications, 2022, 13: 6937.

[99] Zhong K, Bu R P, Jiao F B, et al. Toward the defect engineering of energetic materials: a review of the effect of crystal defects on the sensitivity [J]. Chemical Engineering Journal, 2022, 429(1): 132310.

[100] Liu G R, Bu R P, Huang X, et al. Energetic cocrystallization as the most significant crystal engineering way to create new energetic materials [J]. Crystal Growth & Design, 2022, 22(2): 954-970.

[101] Tian X L, Song S W, Chen F, et al. Machine learning-guided property prediction of energetic materials: recent advances, challenges, and perspectives [J]. Energetic Materials Frontiers, 2022, 3(3): 177-186.

[102] Zarko V, Kiskin A, Cheremisin A. Contemporary methods to measure regression rate of energetic materials: a review [J]. Progress in Energy and Combustion Science, 2022, 91: 100980.

[103] Wahler S, Klapötke T M. Research output software for energetic materials based on observational modelling 2.1 (RoseBoom2.1©) [J]. Materials Advances, 2022, 3(21): 7976-7986.

[104] Kang Y J, Dong Y T, Liu Y L, et al. Shreeve. Halogen bonding (C-F···X) and its effect on creating ideal insensitive energetic materials [J]. Chemical Engineering Journal, 2022, 440: 135969.

[105] Yu Q, Singh J, Staples R J, et al. Assembling nitrogen-rich, thermally stable, and insensitive energetic materials by polycyclization [J]. Chemical Engineering Journal, 2022, 431: 133235.

[106] Lansford J L, Barnes B C, Rice B M, et al. Building chemical property models for energetic materials from small datasets using a transfer learning approach [J]. Journal of Chemical Information and Modeling, 2022, 62(22): 5397-5410.

[107] O'Connor D, Bier I, Hsieh Y T, et al. Performance of dispersion-inclusive density functional theory methods for energetic materials [J]. Journal of Chemical Theory and Computation, 2022, 48(7): 4456-4471.

[108] Kosarev E K, Pivkina A N, Muravyev N V. Atomic force microscopy in energetic materials research: a review [J]. Energetic Materials Frontiers, 2022, 3(4): 290-302.

[109] Rykaczewski K A, Becker M R, Anantpur M J, et al. Photochemical strategies enable the synthesis of tunable azetidine-based energetic materials [J]. Journal of the American Chemical Society, 2022, 144(41): 19089-19096.

[110] Chakrabarti B K, Gençten M, Bree G, et al. Modern practices in electrophoretic deposition to manufacture energy storage electrodes [J]. International Journal of Energy Research, 2022, 46(10): 13205-13250.

[111] Hadzhieva Z, Boccaccini A R. Recent developments in electrophoretic deposition (EPD) of antibacterial coatings for biomedical applications-a review [J]. Current Opinion in Biomedical Engineering, 2022, 21: 100367.

[112] Fuseini M, Zaghloul M M Y. Statistical and qualitative analyses of the kinetic models using electrophoretic deposition of polyaniline [J]. Journal of Industrial and Engineering Chemistry, 2022, 113: 475-487.

[113] Fuseini M, Zaghloul M M Y. Investigation of electrophoretic deposition of PANI nano fibers as a manufacturing technology for corrosion protection [J]. Progress in Organic Coatings, 2022, 171: 107015.

[114] Hajizadeh A, Shahalizade T, Riahifar R, et al. Electrophoretic deposition as a fabrication method for Li-ion battery electrodes and separators-a review [J]. Journal of Power Sources, 2022, 535: 231448.

[115] Sun R Y, Zhao J, Liu C, et al. Design and optimization of hybrid superhydrophobic-hydrophilic pattern surfaces for improving fog harvesting efficiency [J]. Progress in Organic Coatings, 2022, 171: 107016.

[116] Bakhtiari N, Azizian S, Jaleh B. Hybrid superhydrophobic/hydrophilic patterns deposited on glass by laser-induced forward transfer method for efficient water harvesting [J]. Journal of Colloid and Interface Science, 2022, 625: 383-396.

[117] Lee J W, Kim K, Ryoo G, et al. Super-hydrophobic/hydrophilic patterning on three-dimensional objects [J]. Applied Surface Science, 2022, 576: 151849.

[118] Zhang J Z, Zhang Y C, Yong J L, et al. Femtosecond laser direct weaving bioinspired superhydrophobic/hydrophilic micro-pattern for fog harvesting [J]. Optics & Laser Technology, 2022, 146: 107593.

[119] Huang J J, Mei X, Han J, et al. Impacts of hydrophobic, hydrophilic, superhydrophobic and superhydrophilic nanofibrous substrates on the thin film composite forward osmosis membranes [J]. Journal of Environmental Chemical Engineering, 2022, 10(1): 106958.

[120] Guo X G, Liang T T, Huang H S, et al. Additive-free super-reactive metastale intermixed c-doped Al/Co_3O_4 coating with excellent structural, exothermic and hydrophobic stability for a transient-chip [J]. Applied Surface Science, 2022, 581: 152324.

[121] Guo X G, Liang T T, Liu G X, et al. Conveniently controllable design of nano-aldoped@Co_3O_4 energetic composite with enhanced exothermic property via exploring electrophoretic assembly dynamics [J]. Journal of Materials Science: Materials in Electronics, 2022, 33: 6262-6272.

[122] Guo X G, Liang T T, Giwa A S. Remarkably convenient construction of self-protected nano-aluminum/nickel oxide/perfluorosilane energetic composite to largely enhance structural, anti-wetting and exothermic stability [J]. Journal of Alloys and Compounds, 2022, 903: 164017.

[123] Herweyer D, Brusso J L, Murugesu M. Modern trends in "Green" primary energetic materials [J]. New Journal of Chemistry, 2021, 45(23): 10150-10159.

[124] Zlotin S G, Churakov A M, Egorov M P, et al. Advanced energetic materials: novel strategies and versatile applications [J]. Mendeleev Communications, 2021, 31(6): 731-749.

[125] Muravyev N V, Meerov D B, Monogarov K A, et al. Sensitivity of energetic materials: Evidence of thermodynamic factor on a large array of CHNOFCl compounds [J]. Chemical Engineering Journal, 2021, 421: 129804.

[126] Ma Q, Zhang Z Q, Yang W, et al. Strategies for constructing melt-castable energetic materials: a critical review [J]. Energetic Materials Frontiers, 2021, 2(1): 69-85.

[127] Huang B B, Xue Z H, Fu X L, et al. Advanced crystalline energetic materials modified by coating/intercalation techniques [J]. Chemical Engineering Journal, 2021, 417: 128044.

[128] Sabatini J J, Johnson E C. A short review of nitric esters and their role in energetic materials [J]. ACS Omega, 2021, 6(18): 11813-11821.

[129] Liu Y Z, Cao Y L, Lai W P, et al. Molecular-shape-dominated crystal packing features of energetic materials [J]. Crystal Growth & Design, 2021, 21(3): 1540-1547.

[130] Muravyev N V, Monogarov K A, Melnikov I N, et al. Learning to fly: thermochemistry of energetic materials by modified thermogravimetric analysis and highly accurate quantum chemical calculations [J]. Physical Chemistry Chemical Physics, 2021, 23(29): 15522-15542.

[131] Zhou J, Zhang C M, Huo H, et al. Comparative studies on thermal decompositions of dinitropyrazole-based energetic materials [J]. Molecules, 2021, 26(22): 7004.

[132] Wu X L, Xu S, Pang A M, et al. Hazard evaluation of ignition sensitivity and explosion severity for three typical MH_2(M=Mg, Ti, Zr) of energetic materials [J]. Defence Technology, 2021, 17(4): 1262-1268.

[133] Li X, Sun Q, Lin Q H, et al. [N-N=N-N]-linked fused triazoles with π-π stacking and hydrogen bonds: Towards thermally stable, Insensitive, and highly energetic materials [J]. Chemical Engineering Journal, 2021, 406: 126817.

[134] Bennion J C, Matzger A J. Development and evolution of energetic cocrystals [J]. accounts of chemical research, 2021, 54(7): 1699-1710.

[135] Sirach R R, Dave P N. 3-Nitro-1,2,4-triazol-5-one (NTO): high explosive insensitive energetic material [J]. Chemistry of Heterocyclic Compounds, 2021, 57: 720-730.

[136] Zhang G J, Xiong H L, Yang P J, et al. A high density and insensitive fused [1,2,3] triazolo-pyrimidine energetic material [J]. Chemical Engineering Journal, 2021, 404: 126514.

[137] Yang P J, Yang H W, Zhao Y, et al. Novel polynitro azoxypyrazole-based energetic materials with high performance [J]. Dalton Transactions, 2021, 50(45): 16499-16503.

[138] Feng S B, Yin P, He C L, et al. Tunable dimroth rearrangement of versatile 1,2,3-triazoles towards high-performance energetic materials [J]. Journal of Materials Chemistry A, 2021, 9(20): 12291-12298.

[139] Larin A A, Fershtat L L. High-energy hydroxytetrazoles: design, synthesis and performance [J]. Energetic Materials Frontiers, 2021, 2(1): 3-13.

[140] Lai Q, Fei T, Yin P, et al. 1,2,3-Triazole with linear and branched catenated nitrogen chains-the role of regiochemistry in energetic materials [J]. Chemical Engineering Journal, 2021, 410: 128148.

[141] Manzoor S, Tariq Q, Yin X, et al. Nitro-tetrazole based high performing explosives: recent overview of synthesis and energetic properties [J]. Defence Technology, 2021, 17(6): 1995-2010.

[142] Manzoor S, Yin X, Tariq Q, et al. Synthesis and properties of transition metal coordination energetic materials based on a versatile and multifunctional 1-aminotetrazol-5-one ligand [J]. Inorganica Chimica Acta, 2021, 525: 120468.

[143] Rehman M A U, Chen Q, Braem A, et al. Electrophoretic deposition of carbon nanotubes: recent progress and remaining challenges [J]. International Materials Reviews, 2021, 66(8): 533-562.

[144] Mittal G, Rhee K Y. Electrophoretic deposition of graphene on basalt fiber for composite applications [J]. Nanotechnology Reviews, 2021, 10(1): 158-165.

[145] Oliveira J A M, Santana R A C, Neto A O W. Electrophoretic deposition and characterization of chitosan-

molybdenum composite coatings [J]. Carbohydrate Polymers, 2021, 255: 117382.

[146] Jalili M A, Khosroshahi Z, Kheirabadi N R, et al. Enayati. Green triboelectric nanogenerator based on waste polymers for electrophoretic deposition of titania nanoparticles [J]. Nano Energy, 2021, 90: 106581.

[147] Sayed E T, Alawadhi H, Olabi A G, et al. Electrophoretic deposition of graphene oxide on carbon brush as bioanode for microbial fuel cell operated with real wastewater [J]. International Journal of Hydrogen Energy, 2021, 46(8): 5975-5983.

[148] Rong W T, Zhang H F, Mao Z G, et al. Stable drag reduction of anisotropic superhydrophobic/hydrophilic surfaces containing bioinspired micro/nanostructured arrays by laser ablation [J]. Colloids and Surfaces A: Physicochemical and Engineering Aspects, 2021, 622: 126712.

[149] Sotoudeh F, Kamali R, Mousavi S M, et al. Understanding droplet collision with superhydrophobic-hydrophobic-hydrophilic hybrid surfaces [J]. Colloids and Surfaces A: Physicochemical and Engineering Aspects, 2021, 614: 126140.

[150] Zhang H, Liu Y, Zhang Z W, et al. A superhydrophobic surface patterned with hydrophilic channels for directional sliding control and manipulation of droplets [J]. Surface and Coatings Technology, 2021, 409: 126836.

[151] Huang Z S, Shen C J, Fan L L, et al. Experimental investigation of the anti-soiling performances of different wettability of transparent coatings: superhydrophilic, hydrophilic, hydrophobic and superhydrophobic coatings [J]. Solar Energy Materials and Solar Cells, 2021, 225: 111053.

[152] Gibbons M J, Garivalis A I, O'Shaughnessy S, et al. Evaporating hydrophilic and superhydrophobic droplets in electric fields [J]. International Journal of Heat and Mass Transfer, 2021, 164: 120539.

[153] Guo X G, Liang T T, Yuan B F, et al. Nano-Al doped-MoO_3 high-energy composite films with excellent hydrophobicity and thermal stability [J]. Ceramics International, 2021, 47(17): 24039-24046.

[154] Guo X G, Liang T T, Bao H B, et al. Novel electrophoretic assembly design of nanoaluminum@tungsten trioxide (nano-Al@WO_3) energetic coating with controllable exothermic performance [J]. Journal of Materials Science: Materials in Electronics, 2021, 32(11): 15242-152520.

[155] Li G, Zhang C Y. Review of the molecular and crystal correlations on sensitivities of energetic materials [J]. Journal of Hazardous Materials, 2020, 398: 122910.

[156] Zhang X X, Yang Z J, Nie F, et al. Recent advances on the crystallization engineering of energetic materials [J]. Energetic Materials Frontiers, 2020, 1(3-4): 141-156.

[157] Anniyappan M, Talawar M B, Sinha R K, et al. Review on advanced energetic materials for insensitive munition formulations [J]. Combustion, Explosion, and Shock Waves, 2020, 56: 495-519.

[158] Kang P, Liu Z L, Rachid H A, et al. Machine-learning assisted screening of energetic materials [J]. The Journal of Physical Chemistry A, 2020, 124(26): 5341-5351.

[159] Bu R B, Li H Z, Zhang C Y. Polymorphic transition in traditional energetic materials: influencing factors and effects on structure, property, and performance [J]. Crystal Growth & Design, 2020, 20(5): 3561-3576.

[160] Lawless Z D, Hobbs M L, Kaneshige M J. Thermal conductivity of energetic materials [J]. Journal of Energetic Materials, 2020, 38(2): 214-239.

[161] Chun S，Roy S，Nguyen Y T，et al. Deep learning for synthetic microstructure generation in a materials-by-design framework for heterogeneous energetic materials [J]. Scientific Reports，2020，10(1)：13307.

[162] Zhang J L，Zhou J，Bi F Q，et al. Energetic materials based on poly furazan and furoxan structures [J]. Chinese Chemical Letters，2020，31(9)：2375-2394.

[163] Zlotin S G，Dalinger I L，Makhova N N，et al. Nitro compounds as the core structures of promising energetic materials and versatile reagents for organic synthesis [J]. Russian Chemical Reviews，2020，89：1.

[164] Benhammada A，Trache D. Thermal decomposition of energetic materials using TG-FTIR and TG-MS：a state-of-the-art review [J]. Applied Spectroscopy Reviews，2020，55(8)：724-777.

[165] Gettings M，Piercey D. Azasydnones and their use in energetic materials [J]. Energetic Materials Frontiers，2020，1(3-4)：136-140.

[166] Lei C J，Yang H W，Cheng G B. New pyrazole energetic materials and their energetic salts：combining the dinitromethyl group with nitropyrazole [J]. Dalton Transactions，2020，49(5)：1660-1667.

[167] Feng Y G，Deng M，Song S W，et al. Construction of an unusual two-dimensional layered structure for fused-ring energetic materials with high energy and good stability [J]. Engineering，2020，6 (9)：1006-1012.

[168] Bu R P，Xiong Y，Zhang C Y. π-π Stacking contributing to the low or reduced impact sensitivity of energetic materials [J]. Crystal Growth & Design，2020，20(5)：2824-2841.

[169] Zhang Y Y，Chen S，Cai Y，et al. Novel X-ray and optical diagnostics for studying energetic materials：a review [J]. Engineering，2020，6(9)：992-1005.

[170] Tang Y X，Yin Z Y，Chinnam A K，et al. A duo and a trio of triazoles as very thermostable and insensitive energetic materials [J]. Inorganic Chemistry，2020，59(23)：17766-17774.

[171] Gamekkanda J C，Sinha A S，Aakeröy C B. Cocrystals and salts of tetrazole-based energetic materials [J]. Crystal Growth & Design，2020，20(4)：2432-2439.

[172] Creegan S E，Piercey D G. Nitroacetonitrile as a versatile precursor in energetic materials synthesis [J]. RSC Advances，2020，10 (65)：39478-39484.

[173] Zong H H，Yao C，Sun C Q，et al. Structure and stability of aromatic nitrogen heterocycles used in the field of energetic materials [J]. Molecules，2020，25(14)：3232.

[174] Roy S，Sen O，Rai N K，et al. Udaykumar. structure-property-performance linkages for heterogenous energetic materials through multi-scale modeling [J]. Multiscale and Multidisciplinary Modeling，Experiments and Design，2020，3：265-293.

[175] Sikkema R，Baker K，Zhitomirsky I. Electrophoretic deposition of polymers and proteins for biomedical applications [J]. Advances in Colloid and Interface Science，2020，284：102272.

[176] Hu S S，Li W Y，Finklea H，et al. A review of electrophoretic deposition of metal oxides and its application in solid oxide fuel cells [J]. Advances in Colloid and Interface Science，2020，276：102102.

[177] Li H Y，Liebscher M，Curosu I，et al. Electrophoretic deposition of nano-silica onto carbon fiber surfaces for an improved bond strength with cementitious matrices [J]. Cement and Concrete Composites，2020，114：103777.

[178] Feng J F，Yan X Y，Ji Z Y，et al. Fabrication of lanthanide-functionalized hydrogen-bonded organic framework

films for ratiometric temperature sensing by electrophoretic deposition [J]. ACS Applied Materials & Interfaces, 2020, 12(26): 29854-29860.

[179] Alaei M, Atapour M, Labbaf S. Electrophoretic deposition of chitosan-bioactive glass nanocomposite coatings on AZ91 Mg alloy for biomedical applications [J]. Progress in Organic Coatings, 2020, 147: 105803.

[180] Song Z T, Lu M X, Chen X M. Investigation of dropwise condensation heat transfer on laser-ablated superhydrophobic/hydrophilic hybrid copper surfaces [J]. ACS Omega, 2020, 5 (37): 23588-23595.

[181] Uddin M N, Desai F J, Rahman M M, et al. A highly efficient fog harvester of electrospun permanent superhydrophobic-hydrophilic polymer nanocomposite fiber mats [J]. Nanoscale Advances, 2020, 2 (10): 4627-4638.

[182] Nasser J, Lin J J, Zhang L S, et al. Laser induced graphene printing of spatially controlled super-hydrophobic/hydrophilic surfaces [J]. Carbon, 2020, 162: 570-578.

[183] Diby N D, Wang J, Duan Y Q. Motion behaviour of water-droplet on alternate superhydrophobic/hydrophilic ZnO wetting-patterned surface [J]. Surface Engineering, 2020, 36 (6): 636-642.

[184] Zhao X X, Park D S, Choi J, et al. Murphy. Robust, transparent, superhydrophobic coatings using novel hydrophobic/hydrophilic dual-sized silica particles [J]. Journal of Colloid and Interface Science, 2020, 547: 347-354.

[185] Guo X G, Lu C H, Huang H S, et al. Facilely controllable synthesis of multi-functional aluminum/nickel/perfluorosilane composites for enhancing the thermal energy release stability and enhancing anti-wetting properties [J]. Composites Science and Technology, 2020, 199: 108351.

[186] Guo X G, Liang T T, Yuan B F, et al. Controllably facile design of electrophoretic-induced film-forming of nano tungsten oxide (Ⅵ) and their anti-wetting functionalization [J]. Nanotechnology, 2020, 31 (50): 505603.

[187] Guo X G, Wang J, Liang T T, et al. Ultra-low-voltage electrophoretic assembly of extremely water-repellent functional nano-Al flms with long lifespan [J]. Journal of Materials Science: Materials in Electronics, 2020, 31(16): 13503-13510.

[188] Guo X G, Sun Q, Liang T T, et al. Controllable electrically guided nano-Al/MoO$_3$ energetic-film formation on a semiconductor bridge with high reactivity and combustion performance [J]. Nanomaterials, 2020, 10 (5): 955.

[189] Guo X G, Liang T T, Wang J, et al. Facilely electrophoretic derived aluminum/zinc (Ⅱ) oxide nanocomposite with superhydrophobicity and thermostability [J]. Ceramics International, 2020, 46(1), 1052-1058.

[190] Zhang D X, Xiang Q, Wang X, et al. An environment-friendly fabrication of nano-Co$_3$O$_4$ coating by aqueous electrophoretic deposition [J]. Journal of the Australian Ceramic Society, 2020, 56: 745-749.

[191] Barton L M, Edwards J T, Johnson E C, et al. Impact of stereo-and regiochemistry on energetic materials [J]. Journal of the American Chemical Society, 2019, 141(32): 12531-12535.

[192] Muravyev N V, Monogarov K A, Schaller U, et al. Progress in additive manufacturing of energetic materials: creating the reactive microstructures with high potential of applications [J]. Propellants, Explosives, Pyrotechnics, 2019, 44(8): 941-969.

[193] Li H, Zhang L, Petrutik N, et al. Molecular and crystal features of thermostable energetic materials: guidelines for architecture of "bridged" compounds [J]. ACS Central Scence, 2020, 6(1): 54-75.

[194] Michalchuk A A L, Trestman M, Rudić S, et al. Predicting the reactivity of energetic materials: an ab initio multi-phonon approach [J]. Journal of Materials Chemistry A, 2019, 7(33): 19539-19553.

[195] Tang Y X, He C L, Imler G H, et al. Aminonitro groups surrounding a fused pyrazolotriazine ring: a superior thermally stable and insensitive energetic material [J]. ACS Applied Energy Materials, 2019, 2 (3): 2263-2267.

[196] Wang Q, Shao Y L, Lu M. Amino-tetrazole functionalized fused triazolo-triazine and tetrazolo-triazine energetic materials [J]. Chemical Communications, 2019, 55(43): 6062-6065.

[197] Zhang J, Jackson T L. Effect of microstructure on the detonation initiation in energetic materials [J]. Shock Waves, 2019, 29(2): 327-338.

[198] Liu Y Z, Niu S Y, Lai W P, et al. Crystal morphology prediction of energetic materials grown from solution: insights into the accurate calculation of attachment energies [J]. CrystEngComm, 2019, 21 (33): 4910-4917.

[199] Rai N K, Udaykumar H S. Void collapse generated meso-scale energy localization in shocked energetic materials: non-dimensional parameters, regimes, and criticality of hotspots [J]. Physics of Fluids, 2019, 31(1): 016103.

[200] Yan Q L, Gozin M, Liu P J, et al. Insensitive energetic materials containing two-dimensional nanostructures as building blocks [J]. Nanomaterials in Rocket Propulsion Systems, 2019: 81-111.

[201] Kim B, Choi S, Yoh J J. Modeling the shock-induced multiple reactions in a random bed of metallic granules in an energetic material [J]. Combustion and Flame, 2019, 210: 54-70.

[202] Gospodinov I, Singer J, Klapötke T M, et al. The pyridazine scaffold as a building block for energetic materials: synthesis, characterization, and properties [J]. Zeitschrift für anorganische und allgemeine Chemie, 2019, 645(21): 1247-1254.

[203] Bu R P, Xiong Y, Wei X F, et al. Hydrogen bonding in CHON-containing energetic crystals: a review [J]. Crystal Growth & Design, 2019, 19(10): 5981-5997.

[204] Jia X L, Cao Q, Guo W J, et al. Synthesis, thermolysis, and solid spherical of RDX/PMMA energetic composite materials [J]. Journal of Materials Science: Materials in Electronics, 2019, 30: 20166-20173.

[205] Wang Y, Song S W, Huang C, et al. Hunting for advanced high-energy-density materials with well-balanced energy and safety through an energetic host-guest inclusion strategy [J]. Journal of Materials Chemistry A, 2019, 7(33): 19248-19257.

[206] Xu Y G, Tian L L, Li D X, et al. A series of energetic cyclo-pentazolate salts: rapid synthesis, characterization, and promising performance [J]. Journal of Materials Chemistry A, 2019, 7(20): 12468-12479.

[207] Ma X H, Cai C, Sun W J, et al. Enhancing energetic performance of multinuclear Ag(I) -cluster MOF-based high-energy-density materials by thermal dehydration [J]. ACS Applied Materials & Interfaces, 2019, 11(9): 9233-9238.

[208] Tarchoun A F, Trache D, Klapötke T M, et al. A promising energetic polymer from posidonia oceanica brown algae: synthesis, characterization, and kinetic modeling [J]. Macromolecular Chemistry and Physics, 2019, 220(22): 1900358.

[209] Deng P, Ren H, Jiao Q J. Enhanced the combustion performances of ammonium perchlorate-based energetic

molecular perovskite using functionalized graphene [J]. Vacuum, 2019, 169: 108882.

[210] Wang H Y, Rehwoldt M, Kline D J, et al. Comparison study of the ignition and combustion characteristics of directly-written Al/PVDF, Al/Viton and Al/THV composites [J]. Combustion and Flame, 2019, 201: 181-186.

[211] Obregón S, Amor G, Vázquez A. Electrophoretic deposition of photocatalytic materials [J]. Advances in Colloid and Interface Science, 2019, 269: 236-255.

[212] Avcu E, Baştan F E, Abdullah H Z, et al. Electrophoretic deposition of chitosan-based composite coatings for biomedical applications: a review [J]. Progress in Materials Science, 2019, 103: 69-108.

[213] Pikalova E Y, Kalinina E G. Electrophoretic deposition in the solid oxide fuel cell technology: fundamentals and recent advances [J]. Renewable and Sustainable Energy Reviews, 2019, 116, 2019: 109440.

[214] Rotter J M, Weinberger S, Kampmann J, et al. Covalent organic framework films through electrophoretic deposition-creating efficient morphologies for catalysis [J]. Chemistry of Materials, 2019, 31 (24): 10008-10016.

[215] Tabesh E, Salimijazi H R, Kharaziha M, et al. Development of an in-situ chitosan-copper nanoparticle coating by electrophoretic deposition [J]. Surface and Coatings Technology, 2019, 364: 239-247.

[216] Oestreich J L, Geld C W M, Oliveira J L G, et al. Experimental condensation study of vertical superhydrophobic surfaces assisted by hydrophilic constructal-like patterns [J]. International Journal of Thermal Sciences, 2019, 135: 319-330.

[217] Xing D D, Wu F F, Wang R, et al. Microdrop-assisted microdomain hydrophilicization of superhydrophobic surfaces for high-efficiency nucleation and self-removal of condensate microdrops [J]. ACS Applied Materials & Interfaces. 2019, 11(7): 7553-7558.

[218] Wang X K, Zeng J, Yu X Q, et al. Water harvesting method via a hybrid superwettable coating with superhydrophobic and superhydrophilic nanoparticles [J]. Applied Surface Science, 2019, 465: 986-994.

[219] Panda A, Pati A R, Saha B, et al. The role of viscous and capillary forces in the prediction of critical conditions defining super-hydrophobic and hydrophilic characteristics [J]. Chemical Engineering Science, 2019, 207: 527-541.

[220] Liu H, Xie W Y, Song F, et al. Constructing hierarchically hydrophilic/superhydrophobic ZIF-8 pattern on soy protein towards a biomimetic efficient water harvesting material [J]. Chemical Engineering Journal, 2019, 369: 1040-1048.

[221] Guo X G, Liang T T, Zhang D X, et al. Facile fabrication of 3D porous nickel networks for electro-oxidation of methanol and ethanol in alkaline medium [J]. Materials Chemistry and Physics, 2019, 221: 390-396.

[222] Guo X G, Liang T T. Electrophoresis assembly of novel superhydrophobic molybdenum trioxide(MoO$_3$) films with great stability [J]. Materials, 2019, 12(3): 336.

[223] Guo X G, Liang T T. Super-efficient synthesis of mesh-like superhydrophobic nano-aluminum/iron(Ⅲ) oxide energetic films [J]. Materials, 2019, 12(2): 234.

[224] 林婧，梁滔滔，郭晓刚，等. 新型电泳法制备纳米 Al/(Fe$_2$O$_3$)Ⅲ 含能薄膜 [J]. 山东化工，2019，048 (014): 43-45.

[225] 魏燕，梁滔滔，郭晓刚，等. 超便捷高表面积 3D 多孔镍的可控设计探究 [J]. 山东化工，2019，48

(14): 3.

[226] Qu Y Y, Babailov S P. Azo-linked high-nitrogen energetic materials [J]. Journal of Materials Chemistry A, 2018, 6(5): 1915.

[227] Abd-Elghany M, Klapötke T M. A review on differential scanning calorimetry technique and its importance in the field of energetic materials [J]. Physical Sciences Reviews, 2018, 3(4).

[228] Elton D C, Boukouvalas Z, Butrico M S, et al. Applying machine learning techniques to predict the properties of energetic materials [J]. Scientific Reports, 2018, 8(1): 9059.

[229] Zhang C Y, Jiao F B, Li H Z. Crystal engineering for creating low sensitivity and highly energetic materials [J]. Crystal Growth & Design, 2018, 18(10): 5713-5726.

[230] Jiao F B, Xiong Y, Li H Z, et al. Alleviating the energy & safety contradiction to construct new low sensitivity and highly energetic materials through crystal engineering [J]. CrystEngComm, 2018, 20(13): 1757-1768.

[231] Tian B B, Xiong Y, Chen L Z, et al. Relationship between the crystal packing and impact sensitivity of energetic materials [J]. CrystEngComm, 2018, 20(6): 837-848.

[232] Dalinger I L, Kormanov A V, Suponitsky K Y, et al. Pyrazole-tetrazole hybrid with trinitromethyl, fluorodinitromethyl, or(difluoroamino) dinitromethyl groups: high-performance energetic materials [J]. Chemistry-An Asian Journal, 2018, 13(9): 1165-1172.

[233] Zhang J C, Zhang J H, Parrishd D A, et al. Desensitization of the dinitromethyl group: molecular/crystalline factors that affect the sensitivities of energetic materials [J]. Journal of Materials Chemistry A, 2018, 6 (45): 22705-22712.

[234] Du Y, Su H, Fei T, et al. Structure-property relationship in energetic cationic metal-organic frameworks: new insight for design of advanced energetic materials [J]. Crystal Growth & Design, 2018, 18(10): 5896-5903.

[235] Zeman S. Characteristics of thermal decomposition of energetic materials in a study of their initiation reactivity [J]. Handbook of Thermal Analysis and Calorimetry, 2018, 6: 573-612.

[236] Kiselev V G, Muravyev N V, Monogarov K A, et al. Toward reliable characterization of energetic materials: interplay of theory and thermal analysis in the study of the thermal stability of tetranitroacetimidic acid (TNAA) [J]. Physical Chemistry Chemical Physics, 2018, 20(46): 29285-29298.

[237] Grilli N, Koslowski M. The effect of crystal orientation on shock loading of single crystal energetic materials [J]. Computational Materials Science, 2018, 155: 235-245.

[238] Reaugh J E, White B W, Curtis J P, et al. A computer model to study the response of energetic materials to a range of dynamic loads [J]. Propellants, Explosives, Pyrotechnics, 2018, 43(7): 703-720.

[239] Murray A K, Novotny W A, Fleck T J, et al. Selectively-deposited energetic materials: a feasibility study of the piezoelectric inkjet printing of nanothermites [J]. Additive Manufacturing, 2018, 22: 69-74.

[240] Chen S L, Shang Y, He C T, et al. Optimizing the oxygen balance by changing the a-site cations in molecular perovskite high-energetic materials [J]. CrystEngComm, 2018, 20(46): 7458-7463.

[241] Zhao G, He C L, Yin P, et al. Efficient construction of energetic materials via nonmetallic catalytic carbon-carbon cleavage/oxime-release-coupling reactions [J]. Journal of the American Chemical Society, 2018, 140 (10): 3560-3563.

［242］ Shoaf A L，Bayse C A. Trigger bond analysis of nitroaromatic energetic materials using wiberg bond indices ［J］. Journal of Computational Chemistry，2018，39(19)：1236-1248.

［243］ Kent R V，Wiscons R A，Sharon P，et al. Cocrystal engineering of a high nitrogen energetic material ［J］. Crystal Growth & Design，2018，18(1)：219-224.

［244］ Liu G R，Gou R J，Li H Z，et al. Polymorphism of energetic materials：a comprehensive study of molecular conformers，crystal packing，and the dominance of their energetics in governing the most stable polymorph ［J］. Crystal Growth & Design，2018，18(7)：4174-4186.

［245］ Sun Q，Lin Q H，Lu M. Nitramino-functionalized tetracyclic oxadiazoles as energetic materials with high performance and high stability：crystal structures and energetic properties ［J］. CrystEngComm，2018，20 (30)：4321-4328.

［246］ Sethi S K，Manik G. Recent progress in super hydrophobic/hydrophilic self-cleaning surfaces for various industrial applications：a review ［J］. Polymer-Plastics Technology and Engineering，2018，57 (18)：1932-1952.

［247］ Laromaine A，Tronser T，Pini I，et al. Free-standing three-dimensional hollow bacterial cellulose structures with controlled geometry via patterned superhydrophobic-hydrophilic surfaces ［J］. Soft Matter，2018，14(19)：3955-3962.

［248］ Xu H，Clarke A，Rothstein J P，et al. Viscoelastic drops moving on hydrophilic and superhydrophobic surfaces ［J］. Journal of Colloid and Interface Science，2018，513：53-61.

［249］ Si Y F，Dong Z C，Jiang L. Bioinspired designs of superhydrophobic and superhydrophilic materials ［J］. ACS Central Science，2018，4(9)：1102-1112.

［250］ Ngo V，Chun D M. Effect of heat treatment temperature on the wettability transition from hydrophilic to superhydrophobic on laser-ablated metallic surfaces ［J］. Advanced Engineering Materials，2018，20 (7)：1701086.

［251］ Ma Y F，Han J M，Wang M，et al. Electrophoretic deposition of graphene-based materials：a review of materials and their applications ［J］. Journal of Materiomics，2018，4(2)：108-120.

［252］ Bakhshandeh S，Yavari S A. Electrophoretic deposition：a versatile tool against biomaterial associated infections ［J］. Journal of Materials Chemistry B，2018，6(8)：1128-1148.

［253］ Ata M S，Poon R，Syed A M，et al. New developments in non-covalent surface modification，dispersion and electrophoretic deposition of carbon nanotubes ［J］. Carbon，2018，130：584-598.

［254］ Clifford A，Pang X，Zhitomirsky I. Biomimetically modified chitosan for electrophoretic deposition of composites ［J］. Colloids and Surfaces A：Physicochemical and Engineering Aspects，2018，544：28-34.

［255］ Saberi F，Boroujeny B S，Doostmohamdi A，et al. Electrophoretic deposition kinetics and properties of ZrO_2 nano coatings ［J］. Materials Chemistry and Physics，2018，213：444-454.

［256］ Guo X G，Lai C，Jiang X，et al. Remarkably facile fabrication of extremely superhydrophobic high-energybinary composite with ultralong lifespan ［J］. Chemical Engineering Journal，2018，335：843-854.

［257］ Guo X G，Yuan B F，Lin Y H，et al. Facile preparation of superhydrophobic nano-aluminum/copper(Ⅱ) oxide composite films with their exposure and heat-release stability ［J］. Materials Letters，2018，213：294-297.

[258] Zhou X, Xu D, Yang G C, et al. Highly exothermic and superhydrophobic Mg/fluorocarbon core/shell nanoenergetic arrays [J]. ACS applied materials & interfaces, 2014, 6(13): 10497-10505.

[259] Guo X G, Li X M, Li H R, et al. A comprehensive investigation on the electrophoretic deposition(EPD) of nano-Al/Ni energetic composite coatings for the combustion application [J]. Surface and Coatings Technology, 2015, 265: 83-91.

[260] Zhou X, Xu D G, Lu J, et al. CuO/Mg/fluorocarbon sandwich-structure superhydrophobic nanoenergetic composite with anti-humidity property [J]. Chemical Engineering Journal, 2015, 266: 163-170.

[261] Fischer S H, Grubelich M C. Theoretical energy release of thermites [J]. Intermetallics, and Combustible Metals, Sandia National Laboratories, Albuquerque, NM, 1998.

[262] Wang L L, Munir Z A, Maximov Y M. Thermite reactions: their utilization in the synthesis and processing of materials [J]. Journal of Materials Science, 1993, 28(14): 3693-3708.

[263] Comet M, Vidick G, Schnell F, et al. Sulfates-based nanothermites: an expanding horizon for metastable interstitial composites [J]. Angewandte Chemie International Edition, 2015, 54(15): 4458-4462.

[264] Marin L, Nanayakkara C E, Veyan J F, et al. Enhancing the reactivity of Al/CuO nanolaminates by Cu incorporation at the interfaces [J]. ACS applied materials & interfaces, 2015, 7(22): 11713-11718.

[265] Rossi C, Zhang K L, Esteve D, et al. Nanoenergetic materials for MEMS: a review [J]. Journal of Microelectromechanical Systems, 2007, 16(4): 919-931.

[266] Dupiano P, Stamatis D, Dreizin E L. Hydrogen production by reacting water with mechanically milled composite aluminum-metal oxide powders [J]. International Journal of Hydrogen Energy, 2011, 36(8): 4781-4791.

[267] Pagoria P F, Lee G S, Mitchell A R, et al. A review of energetic materials synthesis [J]. Thermochimica Acta, 2002, 384(1): 187-204.

[268] Sikder A K, Sikder N. A review of advanced high performance, insensitive and thermally stable energetic materials emerging for military and space applications [J]. Journal of hazardous materials, 2004, 112(1): 1-15.

[269] Badgujar D M, Talawar M B, Asthana S N, et al. Advances in science and technology of modern energetic materials: an overview [J]. Journal of Hazardous Materials, 2008, 151(2): 289-305.

[270] Talawar M B, Sivabalan R, Mukundan T, et al. Environmentally compatible next generation green energetic materials(GEMs) [J]. Journal of Hazardous Materials, 2009, 161(2): 589-607.

[271] Clark B R, Pantoya M L. The aluminium and iodine pentoxide reaction for the destruction of spore forming bacteria [J]. Physical chemistry chemical physics, 2010, 12(39): 12653-12657.

[272] Dadbakhsh S, Hao L. In situ formation of particle reinforced Al matrix composite by selective laser melting of Al/Fe$_2$O$_3$ powder mixture [J]. Advanced Engineering Materials, 2012, 14(1-2): 45-48.

[273] Zhang D X, Li X M, Qin B, et al, Electrophoretic deposition and characterization of nano-Al/Fe$_2$O$_3$ thermites [J]. Materials Letters, 2014, 120: 224-227.

[274] Zhang W C, Yin B Q, Shen R Q, et al. Significantly enhanced energy output from 3D ordered macroporous structured Fe$_2$O$_3$/Al nanothermite film [J]. ACS applied materials & interfaces, 2013, 5(2): 239242.

[275] Park C D, Mileham M, Van de Burgt L J, et al. The effects of stoichiometry and sample density on

combustion dynamics and initiation energy of Al/Fe$_2$O$_3$ metastable interstitial composites [J]. The Journal of Physical Chemistry C, 2010, 114(6): 2814-2820.

[276] Thiruvengadathan R, Bezmelnitsyn A, Apperson S, et al. Combustion characteristics of novel hybrid nanoenergetic formulations [J]. Combustion and Flame, 2011, 158(5): 964-978.

[277] Zhang K L, Rossi C, Petrantoni M, et al. A nano initiator realized by integrating Al/CuO-based nanoenergetic materials with a Au/Pt/Cr microheater [J]. Journal of Microelectromechanical Systems, 2008, 17(4): 832-836.

[278] Taton G, Lagrange D, Conedera V, et al. Micro-chip initiator realized by integrating Al/CuO multilayer nanothermite on polymeric membrane [J]. Journal of Micromechanics and Microengineering, 2013, 23 (10): 105009.

[279] Kwon J, Ducere J M, Alphonse P, et al. Interfacial chemistry in Al/CuO reactive nanomaterial and its role in exothermic reaction [J]. ACS applied materials & interfaces, 2013, 5(3): 605-613.

[280] Zhou X, Xu D G, Zhang Q B, et al. Facile green in situ synthesis of Mg/CuO core/shell nanoenergetic arrays with a superior heat-release property and long-term storage stability [J]. ACS applied materials & interfaces, 2013, 5(15): 7641-7646.

[281] Liu J, Shao S Y, Fang G, et al. High-efficiency inverted polymer solar cells with transparent and work-function tunable MoO$_3$-Al composite film as cathode buffer layer [J]. Advanced materials, 2012, 24(20): 2774-2779.

[282] Zhu Y H, Li X M, Zhang D X, et al. Tuning the surface charges of MoO$_3$ by adsorption of polyethylenimine to realize the electrophoretic deposition of high-exothermic Al/MoO$_3$ nanoenergetic films [J]. Materials & Design, 2016, 109: 652-658.

[283] Bach A, Gibot P, Vidal L, et al. Modulation of the reactivity of a WO$_3$/Al energetic material with graphitized carbon black as additive [J]. Journal of Energetic Materials, 2015, 33(4): 260-276.

[284] Nellums R R, Terry B C, Tappan B C, et al. Effect of solids loading on resonant mixed Al-Bi$_2$O$_3$ nanothermite powders [J]. Propellants, Explosives, Pyrotechnics, 2013, 38(5): 605-610.

[285] Piekiel N W, Zhou L, Sullivan K T, et al. Initiation and reaction in Al/Bi$_2$O$_3$ nanothermites: evidence for the predominance of condensed phase chemistry [J]. Combustion Science and Technology, 2014, 186(9): 1209-1224.

[286] Williams R A, Patel J V, Ermoline A, et al. Correlation of optical emission and pressure generated upon ignition of fully-dense nanocomposite thermite powders [J]. Combustion and Flame, 2013, 160(3): 734-741.

[287] Zhang D X, Li X M, Fabrication and kinetics study of nano-Al/NiO thermite film by electrophoretic deposition [J]. The Journal of Physical Chemistry A, 2015, 119(20): 4688-4694.

[288] Zhang K L, Rossi C, Alphonse P, et al. Integrating Al with NiO nano honeycomb to realize an energetic material on silicon substrate [J]. Applied Physics A, 2008, 94(4): 957-962.

[289] Ma E, Thompson C V, Clevenger L A, et al. Self-propagating explosive reactions in Al/Ni multilayer thin films [J]. Applied Physics Letters, 1990, 57(12): 1262.

[290] Milosavljević M, Stojanović N, Peruško D, et al. Ion irradiation induced Al-Ti interaction in nano-scaled Al/

Ti multilayers [J]. Applied Surface Science, 2012, 258(6): 2043-2046.

[291] 王亮, 何碧, 蒋小华, 等. Al/Ni 多层膜中反应波传播速度的理论研究 [J]. 含能材料, 2009, 17(2): 233-235.

[292] Tanaka S, Kondo K, Habu H, et al. Test of B/Ti multilayer reactive igniters for a micro solid rocket array thruster [J]. Sensors and Actuators A: Physical, 2008, 144(2): 361-366.

[293] Sullivan K, Young G, Zachariah M. Enhanced reactivity of nano-B/Al/CuO MIC's [J]. Combustion and Flame, 2009, 156(2): 302-309.

[294] Pantoya M L, Dean S W. The influence of alumina passivation on nano-Al/Teflon reactions [J]. Thermochimica Acta, 2009, 493(1): 109-110.

[295] Glavier L, Taton G, Ducéré J M, et al. Nanoenergetics as pressure generator for nontoxic impact primers: comparison of Al/Bi_2O_3, Al/CuO, Al/MoO_3 nanothermites and Al/PTFE [J]. Combustion and Flame, 2015, 162(5): 1813-1820.

[296] Clayton N A, Kappagantula K S, Pantoya M L, et al. Fabrication, characterization, and energetic properties of metallized fibers [J]. ACS applied materials & interfaces, 2014, 6(9): 6049-6053.

[297] Prakash A, McCormick A V, Zachariah M R. Synthesis and Reactivity of a Super-Reactive Metastable Intermolecular Composite Formulation of $Al/KMnO_4$ [J]. Advanced Materials, 2005, 17(7): 900-903.

[298] Jian G Q, Feng J Y, Jacob R J, et al. Super-reactive nanoenergetic gas generators based on periodate salts [J]. Angewandte Chemie International Edition, 2013, 52(37): 9743-9746.

[299] Becker C R, Apperson S, Morris C J, et al. Galvanic porous silicon composites for high-velocity nanoenergetics [J]. Nano letters, 2010, 11(2): 803-807.

[300] Plummer A, Kuznetsov V, Joyner T, et al. The burning rate of energetic films of nanostructured porous silicon [J]. Small, 2011, 7(23): 3392.

[301] Brousseau P, Anderson C J. Nanometric aluminum in explosives [J]. Propellants, Explosives, Pyrotechnics, 2002, 27(5): 300-306.

[302] Li S H, Wang Y, Qi C, et al. 3D energetic metal-organic frameworks: synthesis and properties of high energy materials [J]. Angewandte Chemie International Edition, 2013, 52(52), 14031-14035.

[303] Li P, Moon S Y, Guelta M A, et al. Encapsulation of a nerve agent detoxifying enzyme by a mesoporous zirconium metal-organic framework engenders thermal and long-term stability [J]. Journal of the American Chemical Society, 2016, 138(26), 8052-8055.

[304] Zhang Q, Shreeve J M. Metal-organic frameworks as high explosives: a new concept for energetic materials [J]. Angewandte Chemie International Edition, 2014, 53(10): 2540.

[305] Tang Y X, He C L, Mitchell L A, et al. Potassium 4,4′-bis(dinitromethyl)-3,3′-azofurazanate: a highly energetic 3D metal-organic framework as a promising primary explosive [J]. Angewandte Chemie International Edition, 2016, 128(18): 5655-5657.

[306] Zhang J H, Mitchell L A, Parrish D A, et al. Enforced layer-by-layer stacking of energetic salts towards high-performance insensitive energetic materials [J]. Journal of the American Chemical Society, 2015, 137 (33): 10532-10535.

[307] Henke S, Schneemann A, Fischer R A. Massive anisotropic thermal expansion and thermo-responsive breathing in

metal-organic frameworks modulated by linker functionalization [J]. Advanced Functional Materials, 2013, 23(48): 5990-5996.

[308] Zhang J H, Shreeve J M. 3,3'-Dinitroamino-4,4'-azoxyfurazan and its derivatives: an assembly of diverse N-O building blocks for high-performance energetic materials [J]. Journal of the American Chemical Society, 2014, 136(11): 4437-4445.

[309] Fabbiani F P A, Pulham C R. High-pressure studies of pharmaceutical compounds and energetic materials [J]. Chemical Society reviews, 2006, 35(10): 932-942.

[310] Comet M, Martin C, Klaumünzer M, et al. Energetic nanocomposites for detonation initiation in high explosives without primary explosives [J]. Applied Physics Letters, 2015, 107(24): 243108.

[311] Guerrero S E, Dreizin E L, Shafirovich E. Combustion of thermite mixtures based on mechanically alloyed aluminum-iodine material [J]. Combustion and Flame, 2016, 164: 164-166.

[312] Lee K, Kim D, Shim J, et al. Formation of Cu layer on Al nanoparticles during thermite reaction in Al/CuO nanoparticle composites: Investigation of off-stoichiometry ratio of Al and CuO nanoparticles for maximum pressure change [J]. Combustion and Flame, 2015, 162(10): 3823-3828.

[313] Hosseini S G, Sheikhpour A, Keshavarz M H, et al. The effect of metal oxide particle size on the thermal behavior and ignition kinetic of Mg-CuO thermite mixture [J]. Thermochimica Acta, 2016, 626: 1-8.

[314] Sanders V E, Asay B W, Foley T J, et al. Reaction propagation of four nanoscale energetic composites(Al/MoO_3, Al/WO_3, Al/CuO, and Bl_2O_3) [J]. Journal of Propulsion and Power, 2007, 23(4): 707-714.

[315] Martirosyan K S, Wang L, Vicent A, et al. Nanoenergetic gas-generators: design and performance [J]. Propellants, Explosives, Pyrotechnics, 2009, 34(6): 532-538.

[316] Yang C, Hu Y, Shen R Q, et al. Fabrication and performance characterization of Al/Ni multilayer energetic films [J]. Applied Physics A, 2014, 114(2): 459-464.

[317] Zhu P, Shen R Q, Fiadosenka N N, et al. Dielectric structure pyrotechnic initiator realized by integrating Ti/CuO-based reactive multilayer films [J]. Journal of Applied Physics, 2011, 109(8): 084523.

[318] Zhu P, Jiao J S, Shen R Q, et al. Energetic semiconductor bridge device incorporating Al/MoO_x multilayer nanofilms and negative temperature coefficient thermistor chip [J]. Journal of Applied Physics, 2014, 115(19): 194502.

[319] Zhu P, Shen R Q, Ye Y H, et al. Energetic igniters realized by integrating Al/CuO reactive multilayer films with Cr films [J]. Journal of Applied Physics, 2011, 110(7): 074513.

[320] Zhou X, Shen R Q, Ye Y H, et al. Influence of Al/CuO reactive multilayer films additives on exploding foil initiator [J]. Journal of Applied Physics, 2011, 110(9): 094505.

[321] Petrantoni M, Rossi C, Salvagnac L, et al. Multilayered Al/CuO thermite formation by reactive magnetron sputtering: Nano versus micro [J]. Journal of Applied Physics, 2010, 108(8): 084323.

[322] Noro J, Ramos A S, Vieira M T. Intermetallic phase formation in nanometric Ni/Al multilayer thin films [J]. Intermetallics, 2008, 16(9): 1061-1065.

[323] Ramos A S, Vieira M T, Morgiel J, et al. Production of intermetallic compounds from Ti/Al and Ni/Al multilayer thin films-a comparative study [J]. Journal of Alloys and Compounds, 2009, 484(1): 335-340.

[324] Egan G C, Mily E J, Maria J P, et al. Probing the reaction dynamics of thermite nanolaminates [J]. The

Journal of Physical Chemistry C, 2015, 119(35): 20401-20408.

[325] Mily E J, Oni A, LeBeau J M, et al. The role of terminal oxide structure and properties in nanothermite reactions [J]. Thin Solid Films, 2014, 562: 405-410.

[326] Wang H Y, Jian G Q, Egan G C, et al. Assembly and reactive properties of Al/CuO based nanothermite microparticles [J]. Combustion and Flame, 2014, 161(8): 2203-2208.

[327] Piercey D G, Klapoetke T M. Nanoscale aluminum-metal oxide(thermite) reactions for application in energetic materials [J]. Central European Journal of Energetic Materials, 2010, 7(2), 115-129.

[328] Umbrajkar S M, Schoenitz M, Dreizin E L. Control of structural refinement and composition in Al-MoO$_3$ nanocomposites prepared by arrested reactive milling [J]. Propellants, Explosives, Pyrotechnics, 2006, 31(5): 382-387.

[329] Umbrajkar S M, Seshadri S, Schoenitz M, et al. Aluminum-rich Al-MoO$_3$ nanocomposite powders prepared by arrested reactive milling [J]. Journal of Propulsion and Power, 2008, 24(2): 192-198.

[330] Schoenitz M, Umbrajkar S, Dreizin E L. Kinetic analysis of thermite reactions in Al-MoO$_3$ nanocomposites [J]. Journal of Propulsion and Power, 2007, 23(4): 683-687.

[331] Schoenitz M, Ward T S, Dreizin E L. Fully dense nano-composite energetic powders prepared by arrested reactive milling [J]. Proceedings of the Combustion Institute, 2005, 30(2): 2071-2078.

[332] Tillotson T M, Gash A E, Simpson R L, et al. Nanostructured energetic materials using sol-gel methodologies [J]. Journal of Non-Crystalline Solids, 2001, 285(1), 338-345.

[333] Cervantes O G, Kuntz J D, Gash A E, et al. Heat of combustion of tantalum – tungsten oxide thermite composites [J]. Combustion and Flame, 2010, 157(12), 2326-2332.

[334] Kuntz J D, Cervantes O G, Gash A E, et al. Tantalum-tungsten oxide thermite composites prepared by sol-gel synthesis and spark plasma sintering [J]. Combustion and Flame, 2010, 157(8): 1566-1571.

[335] Sullivan K T, Worsley M A, Kuntz J D, et al. Electrophoretic deposition of binary energetic composites [J]. Combustion and Flame, 2012, 159(6): 2210-2218.

[336] Pascall A J, Sullivan K T, Kuntz J D. Morphology of electrophoretically deposited films on electrode strips [J]. The Journal of Physical Chemistry B, 2012, 117(6): 1702-1707.

[337] Sullivan K T, Zhu C, Tanaka D J, et al. Electrophoretic deposition of thermites onto micro-engineered electrodes prepared by direct-ink writing [J]. The Journal of Physical Chemistry B, 2013, 117 (6): 1686-1696.

[338] Sullivan K T, Zhu C, Duoss E B, et al. Controlling material reactivity using architecture [J]. Advanced materials, 2016, 28(10): 1934-1939.

[339] Sullivan K T, Kuntz J D, Gash A E. Electrophoretic deposition and mechanistic studies of nano-Al/CuO thermites [J]. Journal of Applied Physics, 2012, 112(2): 024316.

[340] Chiang Y C, Wu M H. Assembly and reaction characterization of a novel thermite consisting aluminum nanoparticles and CuO nanowires [J]. Proceedings of the Combustion Institute, 2017, 36(3): 4201-4208.

[341] Zhang D X, Xiang Q, Fan X, et al. Electrophoretic assembly of B-Ti nanoenergetic coating for micro-ignitor application [J]. Chemical Engineering Journal, 2016, 301: 58-64.

[342] Zhang D X, Xiang Q. Electrophoretic fabrication of an Al-Co$_3$O$_4$ reactive nanocomposite coating and its

application in a microignitor [J]. Industrial & Engineering Chemistry Research, 2016, 55(30): 8243-8247.

[343] Cheng J L, Hng H H, Lee Y W, et al. Kinetic study of thermal-and impact-initiated reactions in Al-Fe_2O_3 nanothermite [J]. Combustion and Flame, 2010, 157(12): 2241-2249.

[344] Li R, Xu H M, Hu H L, et al. Microstructured Al/Fe_2O_3/ nitrocellulose energetic fibers realized by electrospinning [J]. Journal of Energetic Materials, 2014, 32(1): 50-59.

[345] Son S F, Asay B W, Foley T J, et al. Combustion of nanoscale Al/MoO_3 thermite in microchannels [J]. Journal of Propulsion and Power, 2007, 23(4): 715-721.

[346] Stamatis D, Dreizin E L, Higa K. Thermal initiation of Al-MoO_3 nanocomposite materials prepared by different methods [J]. Journal of Propulsion and Power, 2011, 27(5): 1079-1087.

[347] Xu D G, Yang Y, Cheng H, et al. Integration of nano-Al with Co_3O_4 nanorods to realize high-exothermic core-shell nanoenergetic materials on a silicon substrate [J]. Combustion and Flame, 2012, 159 (6): 2202-2209.

[348] Petrantoni M, Rossi C, Conédéra V, et al. Synthesis process of nanowired Al/CuO thermite [J]. Journal of Physics and Chemistry of Solids, 2010, 71(2): 80-83.

[349] Zeng Z, Wang R, Twamley B, et al. Polyamino-substituted guanyl-triazole dinitramide salts with extensive hydrogen bonding: synthesis and properties as new energetic materials [J]. Chemistry of Materials, 2008, 20(19): 6176-6182.

[350] Xue H, Gao H, Twamley B, et al. Energetic salts of 3-nitro-1, 2, 4-triazole-5-one, 5-nitroaminotetrazole, and other nitro-substituted azoles [J]. Chemistry of Materials, 2007, 19(7): 1731-1739.

[351] Mahadik-Khanolkar S, Donthula S, Bang A, et al. Polybenzoxazine aerogels. 2. interpenetrating networks with iron oxide and the carbothermal synthesis of highly porous monolithic pure iron (0) aerogels as energetic materials [J]. Chemistry of Materials, 2014, 26(3): 1318-1331.

[352] Klapötke T M, Sabaté C M. Bistetrazoles: nitrogen-rich, high-performing, insensitive energetic compounds [J]. Chemistry of Materials, 2008, 20(11), 3629-3637.

[353] Zhou X, Torabi M, Lu J, et al. Nanostructured energetic composites: synthesis, ignition/combustion modeling, and applications [J]. ACS applied materials & interfaces, 2014, 6(5): 3058-3074.

[354] Liu S H, Liu X J, Latthe S S, et al. Self-cleaning transparent superhydrophobic coatings through simple sol-gel processing of fluoroalkylsilane [J]. Applied Surface Science, 2015, 351: 897-903.

[355] Wu R M, Chao G H, Jiang H Y, et al. The superhydrophobic aluminum surface prepared by different methods [J]. Materials Letters, 2015, 142: 176-179.

[356] Lu Q, Chen Z, Zhang W J, et al. Low-temperature solid state bonding method based on surface Cu-Ni alloying microcones [J]. Applied Surface Science, 2013, 268: 368-372.

[357] Jung S, Tiwari M K, Doan N V, et al. Mechanism of supercooled droplet freezing on surfaces [J]. Nature communications, 2012, 3: 615.

[358] Lv L B, Cui T L, Zhang B, et al. Wrinkled graphene monoliths as superabsorbing building blocks for superhydrophobic and superhydrophilic surfaces [J]. Angewandte Chemie International Edition, 2015, 127 (50): 15380-15384.

[359] Rao K P, Higuchi M, Sumida K, et al. Design of superhydrophobic porous coordination polymers through

the introduction of external surface corrugation by the use of an aromatic hydrocarbon building unit [J]. Angewandte Chemie International Edition, 2014, 126(31): 8364-8369.

[360] Wang J L, Kaplan J A, Colson Y L, et al. Stretch-induced drug delivery from superhydrophobic polymer composites: use of crack propagation failure modes for controlling release rates [J]. Angewandte Chemie International Edition, 2016, 128(8): 2846-2850.

[361] Ruan C P, Ai K L, Li X B, et al. A superhydrophobic sponge with excellent absorbency and flame retardancy [J]. Angewandte Chemie International Edition, 2014, 53(22): 5556-5560.

[362] Oh I K, Kim K, Lee Z, et al. Hydrophobicity of rare earth oxides grown by atomic layer deposition [J]. Chemistry of Materials, 2015, 27(1): 148-156.

[363] Kwak M J, Oh M S, Yoo Y, et al. Series of liquid separation system made of homogeneous copolymer films with controlled surface wettability [J]. Chemistry of Materials, 2015, 27(9): 3441-3449.

[364] Kim D, Seo J, Shin S, et al. Reversible liquid adhesion switching of superamphiphobic Pd-decorated Ag dendrites via gas-induced structural changes [J]. Chemistry of Materials, 2015, 27(14): 4964-4971.

[365] Zhang W J, Yu Z Y, Chen Z, et al. Preparation of super-hydrophobic Cu/Ni coating with micro-nano hierarchical structure [J]. Materials Letters, 2012, 67(1): 327-330.

[366] Huang Y, Sarkar D K, Chen X G. A one-step process to engineer superhydrophobic copper surfaces [J]. Materials Letters, 2010, 64(24): 2722-2724.

[367] Zhou X, Zhu Y, Zhang K L, et al. An extremely superhydrophobic and intrinsically stable Si/fluorocarbon energetic composite based on upright nano/submicron-sized Si wire arrays [J]. RSC Advances, 2015, 5 (128): 106098-106106.

[368] Nixon E, Pantoya M L, Sivakumar G, et al. Effect of a superhydrophobic coating on the combustion of aluminium and iron oxide nanothermites [J]. Surface and Coatings Technology, 2011, 205 (21): 5103-5108.

[369] Zhitomirsky I. Cathodic electrodeposition of ceramic and organoceramic materials. Fundamental aspects [J]. Advances in colloid and interface science, 2002, 97(1), 279-317.

[370] 李春玲.电泳沉积热障复合涂层组织与性能的研究 [D].上海：上海工程技术大学，2015.

[371] Ammam M. Electrophoretic deposition under modulated electric fields: a review [J]. RSC Advances, 2012, 2(20): 7633-7646.

[372] 简刚.电泳沉积铁电/铁磁复合多铁性膜材料的研究 [D].武汉：华中科技大学，2011.

[373] 田海燕.电泳-电沉积镍基纳米复合镀层及其性能的基础研究 [D].南京：南京理工大学，2008.

[374] 肖张莹.电泳沉积制备氧化锌薄膜的研究 [D].天津：天津大学，2007.

[375] Tamrakar S, An Q, Thostenson E T, et al. Tailoring interfacial properties by controlling carbon nanotube coating thickness on glass fibers using electrophoretic deposition [J]. ACS applied materials & interfaces, 2016, 8(2): 1501-1510.

[376] Wang Y C, Leu I C, Hon M H. Kinetics of electrophoretic deposition for nanocrystalline zinc oxide coatings [J]. Journal of the American Ceramic Society, 2004, 87(1): 84-88.

[377] Zhang Z T, Huang Y, Jiang Z Z. Electrophoretic deposition forming of SiC-TZP composites in a nonaqueous sol media [J]. Journal of the American Ceramic Society, 1994, 77(7): 1946-1949.

[378] Manukyan K V，Tan W，de Boer R J，et al. Irradiation-enhanced reactivity of multilayer Al/Ni nanomaterials [J]. ACS applied materials & interfaces，2015，7(21)：11272-11279.

[379] Rogachev A S，Vadchenko S G，Baras F，et al. Combustion in reactive multilayer Ni/Al nanofoils：Experiments and molecular dynamic simulation [J]. Combustion and Flame，2016，166：158-169.

[380] Xu W J，Song J L，Sun J，et al. Rapid fabrication of large-area, corrosion-resistant superhydrophobic Mg alloy surfaces，ACS Appl. Mater. Interfaces，3(2011) 4404-4414.

[381] Guo X G，Li X M，Wei Z B，et al. Rapid fabrication and characterization of superhydrophobic tri-dimensional Ni/Al coatings [J]. Applied Surface Science，2016，387：8-15.

[382] Song J L，Xu W J，Liu X，et al. Ultrafast fabrication of rough structures required by superhydrophobic surfaces on Al substrates using an immersion method [J]. Chemical engineering journal，2012，211：143-152.

[383] Song J L，Huang S，Lu Y，et al. Self-driven one-step oil removal from oil spill on water via selective-wettability steel mesh [J]. ACS applied materials & interfaces，2014，6(22)：19858-19865.

[384] Brassard J D，Sarkar D K，Perron J. Synthesis of monodisperse fluorinated silica nanoparticles and their superhydrophobic thin films [J]. ACS applied materials & interfaces，2011，3(9)：3583-3588.

[385] Hozumi A，Ushiyama K，Sugimura H，et al. Fluoroalkylsilane monolayers formed by chemical vapor surface modification on hydroxylated oxide surfaces [J]. Langmuir，1999，15(22)：7600-7604.

[386] Hozumi A，Takai O. Effect of hydrolysis groups in fluoro-alkyl silanes on water repellency of transparent two-layer hard-coatings [J]. Applied surface science，1996，103(4)：431-441.

[387] Hozumi A，Takai O. Preparation of ultra water-repellent films by microwave plasma-enhanced CVD [J]. Thin Solid Films，1997，303(1)：222-225.

[388] Wankhede R G，Morey S，Khanna A S，et al. Development of water-repellent organic - inorganic hybrid sol-gel coatings on aluminum using short chain perfluoro polymer emulsion [J]. Applied Surface Science，2013，283：1051-1059.

[389] Weng C J，Peng C W，Chang C H，et al. Corrosion resistance conferred by superhydrophobic fluorinated polyacrylate-silica composite coatings on cold-rolled steel [J]. Journal of Applied Polymer Science，2012，126(S2)：E48.

[390] 李坤泉. 超疏水表面的构造和有机/无机杂化超疏水涂层的制备与性能研究 [D]. 广州：华南理工大学，2015.

[391] Fox H W，Hare E F，Zisman W A. The spreading of liquids on low-energy surfaces. Ⅵ. Branched-chain monolayers，aromatic surfaces，and thin liquid films [J]. Journal of Colloid Science，1953，8(2)：194-203.

[392] 唐永强. 含氟纳米杂合涂层的制备及其超疏水与防覆冰性能 [D]. 杭州：浙江大学，2015.

[393] De Francisco R，Tiemblo P，Hoyos M，et al. Multipurpose ultra and superhydrophobic surfaces based on oligodimethylsiloxane-modified nanosilica [J]. ACS applied materials & interfaces，2014，6 (21)：18998-19010.

[394] Larmour I A，Bell S E J，Saunders G C. Remarkably simple fabrication of superhydrophobic surfaces using electroless galvanic deposition [J]. Angewandte Chemie International Edition，2007，119(10)：1740-1742.

[395] Richard D，Clanet C，Quéré D. Surface phenomena：Contact time of a bouncing drop [J]. Nature，2002，

417：811.

[396]　Mishchenko L，Hatton B，Bahadur V，et al. Design of ice-free nanostructured surfaces based on repulsion of impacting water droplets [J]. ACS nano，2010，4(12)：7699-7707.

[397]　Deng X，Mammen L，Butt H J，et al. Candle soot as a template for a transparent robust superamphiphobic coating [J]. Science，2012，335：67-70.

[398]　毅男. 超疏水表面不同温度液滴碰撞的研究 [D]. 上海：上海交通大学，2015.

[399]　Lu Y，Sathasivam S，Song J L，et al. Robust self-cleaning surfaces that function when exposed to either air or oil [J]. Science，2015，347(6226)：1132-1135.

[400]　Martirosyan K S. Nanoenergetic gas-generators：principles and applications [J]. Journal of Materials Chemistry，2011，21(26)：9400-9405.

[401]　Shen J P，Qiao Z Q，et al. Pressure loss and compensation in the combustion process of Al-CuO nanoenergetics on a microheater chip [J]. Combustion and Flame，2014，161(11)：2975-2981.

[402]　Lai C，Guo X G，Xiong Z X，et al. A comprehensive investigation on adsorption of Ca(Ⅱ)，Cr(Ⅲ) and Mg(Ⅱ) ions by 3D porous nickel films [J]. Journal of colloid and interface science，2016，463：154-163.

[403]　Guo X G，Li X M，Xiong Z S，et al. A comprehensive investigation on electrophoretic self-assembled nano-Co_3O_4 films in aqueous solution as electrode materials for supercapacitors [J]. Journal of Nanoparticle Research，2016，18(6)：1-12.

[404]　Martirosyan K S，Wang L，Vicent A，et al. Synthesis and performance of bismuth trioxide nanoparticles for high energy gas generator use [J]. Nanotechnology，2009，20(40)：405609.

[405]　She Z，Li Q，Wang Z，et al. Researching the fabrication of anticorrosion superhydrophobic surface on magnesium alloy and its mechanical stability and durability [J]. Chemical engineering journal，2013，228：415-424.

[406]　Zilberberg K，Gharbi H，Behrendt A，et al. Low-temperature，solution-processed MoO_x for efficient and stable organic solar cells [J]. ACS applied materials & interfaces，2012，4(3)：1164-1168.

[407]　Oh I K，Kim K，Lee Z，et al. Hydrophobicity of rare earth oxides grown by atomic layer deposition [J]. Chemistry of Materials，2014，27(1)：148-156.

[408]　Yao X，Xu L，Jiang L. Fabrication and characterization of superhydrophobic surfaces with dynamic stability [J]. Advanced Functional Materials，2010，20(19)：3343-3349.

[409]　Kwak M J，Oh M S，Yoo Y，et al. Series of liquid separation system made of homogeneous copolymer films with controlled surface wettability [J]. Chemistry of Materials，2015，27(9)：3441-3449.

[410]　Kim D，Seo J，Shin S，et al. Reversible liquid adhesion switching of superamphiphobic Pd-decorated Ag dendrites via gas-induced structural changes [J]. Chemistry of Materials，2015，27(14)：4964-4971.

[411]　Glavier L，Taton G，Ducéré J M，et al. Nanoenergetics as pressure generator for nontoxic impact primers：comparison of Al/Bi_2O_3，Al/CuO，Al/MoO_3 nanothermites and Al/PTFE [J]. Combustion and Flame，2015，162(5)：1813-1820.

[412]　Deng J K，Li G P，Shen L H，et al. Application of $Al/B/Fe_2O_3$ nano thermite in composite solid propellant [J]. Bulletin of Chemical Reaction Engineering & Catalysis，2016，11(1)：109-114.

[413]　申连华. $Al/B/Fe_2O_3$ 纳米复合含能材料的制备，表征及应用研究 [D]. 北京：北京理工大学，2015.

［414］ Deng Z L，Wang Y J，Liu R H，et al. Enhanced performance of Al/B/Fe$_2$O$_3$ composite thermite prepared via electrophoretic deposition technology ［J］. Materials Today Communications，2024，41：110342.

［415］ Yin Y J，Dong Y，Li M L，et al. Simultaneously altering the energy release and promoting the adhesive force of an electrophoretic energetic film with a fluoropolymer ［J］. Langmuir，2022，38：2569-2575.